KB063120

집의
미래

오래된
집을
순례하다

집의 미래

임형남 · 노은주 지음

인물과
사상사

* 일러두기

1. 외래어 인명과 지명 등은 국립국어원 외래어표기법에 따라 표기했다.
2. 단행본은 『 』, 시·단편소설은 「 」, 영화·노래·그림·연극·구전가요·텔레비전 프로그램·드라
   마는 〈 〉, 음반은 《 》로 표기했다.

"우리가 사랑하는 곳은 집이다. 우리의 발은 떠나도
마음이 떠나지 않는 곳이 집이다."

- 올리버 웬들 홈스(미국 소설가)

책머리에

옛집의 숨결에 담긴 집의 미래

　　고등학교 시절 어느 봄날, 전 학년이 단체로 경복궁에 사생 대회를 갔던 적이 있다. 모두 모여 간단하게 주의 사항과 일정을 들은 후 뿔뿔이 흩어져 각자 그림 그릴 장소를 찾아, 아니 쉬기 좋은 그늘을 찾아 돌아다녔다. 걷다 보니 어느새 일행은 보이지 않았고 나는 긴 담장을 따라 걷다가 문득 보이는 대문 안으로 들어갔다. 궁궐이라기보다는 마사토가 정갈하게 깔린 부잣집 안마당 같은 느낌의 공간이었다.

　　당시 나는 한옥에 대해선 전혀 지식도 없었고 애정도 없었다. 또한 그 건물이 어떤 용도인지도 전혀 관심이 없었다. 그저 앉을 장소를 찾느라 이곳저곳을 돌아다니다 뜬금없이 들어온 나를 물끄러미 쳐다보고 있는 커다란 집 근처로 다가가 찬찬히 살펴보았다. 그러나 창호지를 붙인 창과 문으로 온몸을 덮은 그 집의 내부는 볼 수 없었다. 그런데 나처럼 내부가 궁금했던 누군가의 소행인지 창호지에 손가락이 하나 들어갈 정도 크기로 뚫어놓은 구멍을 발견했다. 그 틈으로 얼굴을 들이댔다.

진득한 침전물이 가라앉아 있는 찻잔의 바닥처럼 집 안 풍경이 그 안에 잠겨 있었다. 그 오래된 풍경을 창호지를 통해 들어온 엷은 빛이 감싸고 있었고 구멍으로 바람이 새어 나왔다. 누군가 '후' 하고 입김을 부는 듯 서늘하고 오래된 시간의 냄새가 나는 바람이 내 얼굴을 쓰다듬어주었다. 갑자기 무척 편안해지며 느닷없이 안도감이 들었다. 그리고 그 바람은 내게 어서 오라고 부드럽게 환영의 말을 하는 것 같았다. 그러면서 나는 시간과 공간의 경계가 흐릿해진 어떤 차원의 세계로 갔다.

그 바람의 냄새와 느낌을 잊을 수 없다. 그 느낌은 안도감이라기보다는 이유를 알 수 없는 그리움이었다. 집의 숨결이 내 안에 잠겨 있던 어떤 기억을 불러낸 것일까? 이후 틈만 나면 경복궁에 갔다. 건축을 전공하고자 하는 마음이 있었던 것도 아니었고 전통문화에 대해 특별히 관심이 생기고 애정이 돋아난 것은 아니었지만, 창호지 틈으로 그 바람을 맡았고 물성이 사라져 화석처럼 뻣뻣해진 기둥을 쓰다듬었다. 결국 돌고 돌아 건축을 전공 삼아 공부하게 되었고 그런 냄새를 좇는 여행은 옛집으로 옛 사찰로 범위가 점점 넓어졌다.

전국에 있는 많은 오래된 집의 숨결을 맡았고 이야기를 들었다. 집은 텍스트다. 우리가 만난 것은 사람을 담는 모든 건축이다. 그리고 그 집을 허락해준 땅이다. 먹고 나서 탈이 나지 않는 편안한 음식처럼 마음속에 솟아난 가시와 잡초를 누그러뜨려주는 집이 있고 땅이 있다.

우리나라 땅은 아주 오래된 땅이며, 여름과 겨울의 기후 변화가 심해 건축도 덩달아 까다롭다. 이 땅에 오래 뿌리를 내리고 살아오며 그 환경과 싸우지 않고 화해하고 조화를 꿈꾸는 우리의 집들은 지금 이 시대에 모든 사람이 강조하는 '지속가능한 삶'을 가능하게 하는 건축의 정신을 담고 있다.

몇 년 전, 2주 동안 미국의 필라델피아와 뉴욕에 머문 적이 있었다. 그곳에서 지내는 동안 뭔가 허전하다는 생각이 들 때가 있었다. 낯선 장소에 있어서 그러겠거니 생각하고 있었는데, 문득 늘 보아왔던 무언가가 없다는 것을 깨닫게 되었다. 주변에 산이 보이지 않았다. 대문만 나서면 보이는, 대뜸 산이 눈에 들어오는 우리의 환경과는 아주 달랐고, 그래서 허전하다는 느낌이 들었던 것이다.

우리는 늘 산과 같이 살고 있다. 내가 사는 서울만 해도 고층 건물이 주변을 빽빽하게 둘러싸고 있지만, 조금만 나가면 혹은 건물들 사이로 큰 산 작은 산이 우리와 눈을 마주치며 같이 있다. 그런 환경에서 자라고 살고 있는 나에게 산이 없는 도시에서 느끼는 허전함은 당연한 것이었다.

우리의 정서에서 산이란 그냥 우뚝 솟은 자연환경이 아니다. 어딘가 비빌 언덕이기도 하고 마음이 허할 때 바라보면서 이야기를 나누고 답답함을 토로하는 대상이다. 말하자면 식구와도 같은 존재다. 한국의 산이란 백두산에서 시작된 흐름이 태백산맥을 거치며 흘러내려와 남쪽 지리산까지 이어지는 어떤 계통이고 그것은 어떤 집안의 위계와도 같다는 생각이 든다.

땅과 사람과 집은 서로 독립된 개체라기보다는 하나가 빠지면 기울어지는 세 개의 발을 가진 솥과도 같다. 그런 땅 위에 그런 산을 기대고 오랜 시간 이 땅에 뿌리 내리고 앉아 있는 집들을 자주 돌아다녔다. 집들은 단순히 건축물이나 공간을 넘어 생각이 형체를 가지고 우뚝 솟아 있는 유기체와도 같다. 집을 보는 것은 결국 그 안에 담겨 있는 생각을 느끼고 읽는 일이다.

건축이란, 집이란 결국 생각으로 짓는 것이다. 유명하거나 아주 오래되었거나 하는 특별한 이유가 없더라도, 모든 집은 의미가 있다. 사람이 각자의 모습으로 태어나고 각자의 이름을 가지고 살며 각자의 삶을 사는 것과도 같다. 모든 존재는 축복받아야 하고 모든 집은 존중받아야 한다.

시간이 흐르면 아무리 대단한 집이라도 고스란히 남아 사람들에게 이어지기는 힘들다. 생성과 소멸의 순환 속에서 대부분은 사라진다. 그러나 그런 시간의 순환 속에서도 남아 있는 집들이 있다. 그런 집들은 아마 어떤 시대를 기억하게 하기 위해 사람들이 남겨놓는 것 같다. 그런 집을 '고전'이라고 부른다. 혹은 그냥 '나이테'라고 해도 좋다.

나이테가 새겨진 이 땅의 건축을 생각한다. 그리고 미래의 건축을 생각한다. 이 책에 우리가 새긴 집들은 우리가 사랑하는 옛집들이다. 삶이 담긴 살림집들, 자연에 스며들어 또다른 자연이 된 사찰들은 예전부터 아는 친척처럼 우리를 친절하게 맞아주고 이야기를 풀어주었다. 세상일에 치여서 힘들 때면 오래된 고향 집을 찾는 것처럼 옛집을 다니며 위안을 얻으며, 이 땅에 살아온 사람들의 고민과 즐거움을 공유했다. 그 집들은 정지해 있어도 무척 강한 움직임이 있고, 경계를 넘나들며 독특한 경지를 이룬 우리의 문화를 상징한다.

그렇기에 지금 옛집을 만나는 일은 과거의 시간을 만나는 일이자, 영원한 현재를 살며, 집의 미래를 기억하는 일이기도 하다.

2023년 가을

임형남 · 노은주

책머리에

차례

제3장 조화를 이루다

제2부 한국의 사찰

제1장 처음으로 돌아가다

제2장 미래를 보다

제1부

한국의 옛집

제1장

이야기를 담다

#산천재 #선교장 #김명관 고택 #운현궁

산과 하늘처럼
변하지 않는 집

산천재

◢ 마음으로 도를 깨닫다

　　남명南冥 조식曺植, 1501~1572은 퇴계退溪 이황李滉, 1501~1570과 같은
해에 태어나 학문적인 깊이와 높이를 서로 견줄 수 있을 정도의 대학
자였고, 평생 벼슬을 하지 않은 처사로 살았던 사람이다. 처사, 은사,
유일 등은 모두 초야에 묻혀 공부에 매진하는 명망가들을 이르는 말
인데, 조식은 졸기卒記(망자에 대한 세간의 혹은 사관의 평가를 서술하는 것)
에서도 '처사'라고 불릴 정도로 철두철미하게 학자의 삶을 살았다. 심

지어 퇴계가 자신의 묘명墓銘에 은사라는 말을 쓰고 싶어 한 것을 비판하고, 자신과 같은 사람도 은사라고 부르기에는 부족하다고 할 정도로 엄격했다.

삼동三冬에 베옷 닙고 암혈岩穴에 눈비 맞아,

구름 낀 볕뉘도 쬔 적이 없건마난,

서산西山에 해 지다 하니 눈물 계워 하노라.

중종이 승하하자 남명이 읊었던 시조다. '내, 너(왕)에게 받은 것은 하나도 없고, 받고 싶은 마음도 없고, 나는 나대로 살았지만 네가 세상을 떴다 하니 애도를 표하는 바이다.' 뭐, 그런 의미가 아닐까? 남명의 기개가 느껴진다.

조선시대에 나라를 뒤흔든 몇 명의 여성 중에 연산군을 몰아내고 왕이 된 중종의 계비인 문정왕후가 있다. 첫 왕후(장경왕후)의 소생인 인종이 중종의 뒤를 이어 즉위한 지 1년도 안 되어 죽고, 자신의 아들인 명종이 12세에 왕이 되자 수렴청정하며 권력을 쥐게 된 사람이다. 문정왕후가 외척인 윤원형尹元衡, ?~1565과 그 첩인 정난정鄭蘭貞, ?~1565, 승려 보우普雨, 1509~1565 등과 함께 을사사화乙巳士禍(1545년) 등을 일으키며 반대파를 숙청하고 국사를 어지럽힌 이야기는 여러 차레 드라마로 만들어질 정도로 유명하다. 1555년(명종 10) 그 서슬 퍼렇던 시절, 재야에서 학문으로 명성이 높아 여러 번 천거된 조식을 명종이 단성 현감에 임명하자, 조식은 곧바로 사직 상소문을 올린다.

"자전慈殿께서는 생각이 깊으시지만 깊숙한 궁중의 한 과부寡婦에

● ○ 조식은 스스로 행동을 조심하고 밤에도 정신을 흐트러뜨린 적이 없었다. 명종이 그를 단성 현감에 임명하자, 사직 상소문을 올리기도 했다. 조식이 61세에 짓고 말년을 보낸 산천재. 원래는 단청이 없었다.

지나지 않으시고, 전하께서는 어리시어 단지 선왕先王의 한낱 외로운 후사後嗣에 지나지 않습니다. 그러니 천백千百 가지의 천재天災와 억만億萬 갈래의 인심人心을 무엇으로 감당해내며 무엇으로 수습하겠습니까?"

자신을 고아로, 모후를 과부로 단정한 이 과격한 언사를 명종은 매우 불쾌해했지만 차마 그를 처벌하지 못했다. 당시 권신들로 인해 언로言路가 막히고 어지러운 정치 상황으로 인해 숨어 있는 인재들이 관직에 나오려 하지 않는 현실을 정면으로 비판한 조식의 글을 성균관 유생 500여 명을 비롯해 많은 대신과 사관이 옹호했기 때문이다.

『조선왕조실록』의 '조식 졸기'에 의하면, 그는 평생토록 항상 조용한 방에 단정히 앉아 칼로 턱을 고이는가 하면 허리춤에 방울을 차고 스스로 행동을 조심하여 밤에도 정신을 흐트러뜨린 적이 없었다고 한다. 조식의 학문은 마음으로 도를 깨닫는 것을 중시하고 치용致用과 실천을 앞세웠다. 자신에게서 돌이켜 구하여 스스로 터득하게 하는 조식의 정신과 기풍이 사람을 격려하고 움직이는 점이 있기 때문에 그를 따라 배우는 자들에게 학문의 길이 열리는 경우가 많았다. 또한 실천을 중요시한 그의 가르침을 따라 제자 중 곽재우郭再祐, 1552~1617, 정인홍鄭仁弘, 1535~1623 등 임진왜란 때 활약했던 의병장이 많이 나왔다.

제일 큰 집이자 좋은 집

오래전 늦은 겨울, 지리산과 가깝고 가야산과도 가까운 경남 의령에서 일을 보고, 동지가 다 되어가는 계절의 짧은 해를 잡아 늘이며 지리산 쪽으로 달렸다. 해는 이미 졌지만 생미량을 지날 때쯤 멀리서 지리산의 느러터지고 육중한 윤곽선이 보였고, 그 위로 이미 들어가버린 해의 마지막 자취가 아주 붉게 남아 있었다. 아무도 없는 어둑한 국도에 남은 그 감동을 진하게 맛보며 달려갔다.

이상하게 지리산은 사람을 감동시킨다. 이유는 모르겠지만 지리산에 가면 그냥 코가 찡해진다. 그 덩치가, 그 느림이 감격스러우며, 그 골격이 감격스럽다. 무엇보다도 싫은 내색, 좋은 내색 전혀 없이 사람을 턱 하고 안아주는 품이 감격스럽다. 그래서 지리산 근처에만 가도 마음이 푸근해지며, 사람으로 태어나 이왕이면 지리산의 품 정도는 되어야 하지 하고 스스로 다짐해보기도 한다. 그 지리산 천왕봉이 가장잘 보이는 자리에 남명의 집, 산천재山天齋가 있다.

조선시대의 집 중 최고는 산천재다. 물론 자로 재거나 저울로 잴수 있는 것이 아닌 나의 개인적인 평가이기는 하지만, 산천재는 내가본 제일 큰 집이고 제일 좋은 집이다. 건축이라는, 집이라는 것은 그냥지붕 있고, 벽 있고, 바람 막고, 비 피하는 그런 껍질이라는 의미 외에

●○ 산천재는 너른 마당과 덕천강과 천왕봉이 겹쳐 보이도록 집을 살짝 비껴서 배치했다. 산천재 대문.

도 자기의 완성이라는 의미가 있다. 즉, 짓는 이의 사고와 철학을 담는 하나의 조형물이며 영조營造(집 따위를 짓거나 물건을 만드는 것)의 산물이 바로 집이라는 측면에서 볼 때 산천재가 그렇다는 뜻이다. 산천재의 주인 남명은 그런 집을 지을 수 있는 그릇이었다.

산천재라는 이름은 주역의 대축괘大畜掛에 나오는 말로 '산속에 하늘이 담긴 집'이라는 뜻이다. 어떤 하늘이 산속에 담길 수 있으며 어떤 산이 하늘을 담을 수 있을까?

"대축大畜이란 크게 저축한다는 뜻이다. 대축괘는 간괘艮卦와 건괘乾卦로 구성되는데 간괘가 산山, 건괘가 천天을 나타내 '산천山天'이란 용어가 생겨난다. '山天'으로 꾸며지는 이미지는 '하늘이 산 가운데 있는 모습'이다. 또한 주역에서 산은 '멈춘다止', 천은 '창조적인 힘'이란 속성을 갖는다. 이 둘의 속성을 다시 합성해보면 '산속에서 창조적인 학문의 힘을 키운다'는 뜻이 된다. 산천재란 바로 그와 같은 집을 말한다."[1]

내가 산천재를 처음 간 것은 1990년대 말 어느 겨울이었다. 그전에 몇 번 구형왕릉, 대원사, 율곡사 등 근처를 지나가기도 했고, 남명에 대해 어렴풋이 알고 있기는 했다. 하지만 덕산에서 시천으로 들어가는 어귀 큰길가에 있는 그 집에 들어가본 적은 없었다. 산천재에 대해 이렇다 할 감동적인 설명을 들은 적이 없어서이기도 했다. 건축을 형태로만, 혹은 그저 건물들로 둘러싸인 공간으로만 파악하고 양식적이고 미학적인 접근만 하는 우리의 건축, 특히 전통 건축 공부의 한계가 그렇다. 그래서 우리는 산천재의 깊이를 모르고 있었다.

설계사무실을 내고 처음 받은 일이 지리산 한복판에 집을 짓는 일이었다. 일은 아주 천천히 진행되어 그사이 더 늦게 시작한 집이 먼저

●○ 산천재는 '산속에 하늘이 담긴 집'이라는 뜻이다. 지리산 인근에서 천왕봉이 가장 잘 보이는 장소라고 일컬어지는 산천재 뒷마당.

지어지기도 했지만, 그 덕분에 지리산의 모든 계절과 모습을 가까이서 지켜볼 수 있었다. 집의 설계가 거의 끝나고 산청군청에 허가를 내던 무렵, 늘 그렇듯이 외지인이 남의 동네에 건물을 지을 때 겪어야 하는 이런저런 불편함과 퉁명스러움을 견뎌내며 시간을 보내고 있었다. 겨울이 다가오고 있었고, 산속의 추위는 장난이 아니었다. 일 중간에 두어 시간 비는 시간이 생기자, 문득 몇 번 들어가려다가 말았던 산천재가 생각났다. 그래서 그곳에 갔다.

남명을 연구하고 기념하는 작은 집이 한 채 있고, 너른 마당에 90도로 꺾어 만든 길을 참하게 걸어들어가자면 낮은 담 가운데 문이 하나 서 있다. 그 문을 들어가면 흙무더기 위에 삐쭉 나무가 서 있고 그 뒤로 큰 산의 윤곽이 보인다. 옆으로 비껴서 있는 또 하나의 건물을 조금 벗어나면, 기단도 낮고 폭도 3칸밖에 되지 않는 팔작지붕을 한 낮은 집이 한 채 서 있다. 그걸로 끝이다.

절묘한 공간의 구성도 없었고 아름다운 건물의 집합도 없었고 조선시대의 집들이 우리에게 보여주는 다양한 마당조차 없었다. 그냥 연극 〈고도를 기다리며〉의 무대처럼 흙무더기 위에 매화나무가 한 그루 서 있고, 무언가를 기다리는지 낮고 꼿꼿한 건물이 한 채 있을 뿐이다. 나는 집을 한 바퀴 빙 둘러보고 긴 담을 쭉 살펴본 뒤 나왔다. 남명이 그 집에서 기다린 것은 무엇일까?

△ 세상의 바람에 휩쓸리지 않다

산천재는 남명이 61세에 지은 집이다. 그는 평생 산해정, 뇌룡정 등 여러 채의 집을 지었는데, 마지막으로 지리산이 마음에 든다며 지리산에 가까운 덕산으로 들어와 생을 마칠 때까지 산천재에서 살았다.

덕산에 터를 잡고	德山卜居
봄 산 어디엔들 향기로운 풀 없겠냐만,	春山底處無芳草
하늘 가까운 천왕봉이 마음에 들어서	只愛天王近帝居
빈손으로 왔지만 먹을거리 걱정하랴?	白手歸來何物食
십 리 은하 같은 물 먹고도 남으리.	銀河十里喫有餘

나는 등산을 그리 즐기지 않아 배낭 메고 지리산을 오른 적도 없다. 단지 지리산이 키워놓은 여러 가지 집과 절을 구경하고 집을 짓는다고 기껏 무릎 정도에 올라가본 것이 전부다. 그래서 주로 지리산 언저리를 빙빙 돌며 옆이나 앞모습, 뒷모습만 보았을 뿐이다. 그러나 지리산이라는 산이 가지고 있는 의미는 어디서 보건 어디에 앉건 커다란 울림을 준다.

백두산의 흐름이 한반도의 척추를 타고 내려와 소백산에서 크게 꺾고 바다로 들어가기 전 마지막으로 큰 용틀임을 하는 곳이 지리산이다. 그리고 누구든 어려운 사람, 슬픈 사람이 찾아가면 받아주고 숨겨주는 어머니와 같은 산이다. 그 어머니는 한없이 자애롭기만 한 것이 아니라 엄하고 좋건 싫건 내색을 하지 않는 무척 어려운 분이다.

지리산은 그런 산이다. 남명은 그 기개와 모습이 마음에 든다고 생각했던 모양이다. 집을 짓되 집을 짓는 것이 아니라 점을 찍었다. 고수의 한 획처럼 지리산과 덕천강 사이에 한 점을 찍은 것이다.

그래서 덕천강의 흐름을 담으며 그 사이에 텅 빈 마당을 두고 작고

● ○ 산천재는 산과 하늘처럼 변하지 않고, 움직이지 않으나 고정되어 있지 않은 모습으로 살고자 했던 처사의 집이다. 제자들이 남명을 기리기 위해 건립한 덕천서원.

당당한 집 한 채가 지리산을 베고 누워 있다. 산속에 하늘을 담기 위해 산이 얼마나 커야 하며 산속에 하늘이 담기기 위해 하늘은 얼마나 유연하고 숙여야 하는가? 남명은 하늘을 담는 산이었고 산에 담기는 하늘이었다. 그는 스스로 삼가하는 '경敬'을 굳세고 독실한 마음으로 실천하면서, 안으로만 갈무리하지 않고 세상에 큰 울림을 주는 '의義'로 행하는 실천적인 지식인이었다.

천왕봉	天王峰
천석들이 저 큰 종을 보게나.	請看千石鐘
크게 치지 않으면 소리 나지 않는다네.	非大扣無聲
만고에 우뚝한 천왕봉은	萬古天王峯
하늘이 울어도 오히려 울리지 않는다네.	天鳴猶不鳴

이 시는 조식이 산천재를 짓고 시냇가 정자에 써붙인 「천왕봉天王峯」이다. 세상의 이런저런 바람에 휩쓸리지 않고, 산과 하늘처럼 변하지 않고, 움직이지 않으나 고정되어 있지 않은 유연한 모습으로 살고자 했던 진정한 처사의 집이 바로 산천재다.

세상의 중심이
되는 집

선교장

위계가 없고 기능도 없다

얼마 전까지만 해도 오래된 것들에 대한 괄시가 무척 심했다. 지금 이면 상당한 대접을 받았을 물건들이 헐값에 고물로 넘겨지고, 명당이 니 풍수니 하는 소리는 모두 근거 없는 미신 정도로 치부되기도 했다. 그러던 것이 이유는 자세히 모르겠지만 갑자기 신데렐라처럼 화려하 게 되살아나 복고 열풍이 불고, 집을 짓고 집 안을 꾸밀 때도 '명당 마 케팅', '풍수 마케팅'으로 재미를 보는 사람들이 꽤 생기는 모양이다.

'한국적인 가치'가 드디어 대접을 받는구나 하는 생각이 들면서도, 서울 한복판 궁궐 주변이 '하늘이 내린 명당'이라고 하면서 파헤쳐져서 아파트로 불끈 솟은 모습을 보면 조금 불안한 마음이 들기도 한다. 명당이란 것이 정말 광고 문구처럼 하늘이 내린 것인가? 정말 사람이 들어가 살기만 하면 무조건 발복發福하는 '절대명당'이 있는 걸까?

지금 남아 있는 조선시대의 집 중 가장 큰 집인 선교장船橋莊은 강원도 강릉에 있는 오래된 부잣집이다. 부자가 3대를 못 간다는 말이 있지만, 이 집 식구들은 10대에 걸쳐 여전히 잘살고 있다. 선교장은 강릉 경포대에서 시내 쪽으로 가는 길 옆 낮은 능선에 둘러싸여 홀로 서 있다. 들어가는 입구의 연꽃이 만개하는 연못과 그 위에 서 있는 그림 같은 정자, 몇 칸이나 되는지 세기도 힘들 정도로 긴 행랑채와 그 안으로 안채와 동별당, 서별당, 외별당, 열화당 등 줄줄이 보이는 지붕들은 이 집이 예사로운 집이 아님을 알게 해준다.

아닌 게 아니라 선교장은 정말 대단한 집이다. 지어질 당시 왕궁이 아닌 일반 주택의 최대 한계치인 99칸을 넘어서는 102칸이다. 원래는 하인의 집까지 모두 합치면 300칸에 이르렀다. 집이라기보다는 작은 궁궐이라고 해도 손색이 없을 정도다. 집의 모습을 보자면 담 대신 23칸이나 되는 긴 행랑채가 집의 경계를 구획하고 있는데, 그 행랑채에는 문이 두 개 달려 있다.

이런 이색적인 정면의 모습은 이 집이 다른 집과 다른 무엇인가 있다는 것을 슬그머니 암시해주는 것 같다. 그런 느낌은 안에 들어가면 더욱 강해지는데, 물건을 나란히 늘어놓듯이 집들이 가로로 길게 들어서 있다. 보통의 집들은 남자의 공간인 사랑채를 한구석에 두고 집안을 관장하는 안채가 가운데 앉아 있다. 그리고 나머지 기능들은 그 주변으로 빙 돌아가며 배치되는데, 이 집은 그런 일반적인 규범에서 크게 벗어나 있다. 어떻게 보면 위계가 없고 정확한 기능도 없어 보인다. 사랑채만 해도 열화당을 비롯해서 여러 곳이 있고, 안채의 기능도 어

● ○ 선교장은 102칸으로 하인의 집까지 합치면 300칸에 이르렀다. 더구나 안채가 지어진 1756년부터 약 200년이 넘는 시간 동안 차근차근 지어졌다.

기저기 흩어져 있다. 그러다 보니 집 안에 들어가서 느껴지는 공간감이 무척 다양하다.

그 이유는 이 집이 한번에 지어진 것이 아니라 안채가 지어진 1756년부터 약 200년이 넘는 시간 동안 차근차근 지어졌기 때문이다. 선교장의 주인은 재력이 대단해서 한때 강릉을 중심으로 한 영동지방에서 수확한 곡식의 대부분을 거두는 만석꾼 집안이었다. 만석꾼은 부자를 일컫는 일반명사로 쓰이지만, 진정한 의미의 만석꾼은 그리 흔하지 않다고 한다.

'만석'이라는 것은 나락으로 1만 가마이며 쌀로는 5,000가마인데, 이는 1,000여 가구가 1년을 버틸 수 있는 양이다. 경제적 수준을 이야기하는 척도가 쌀이었던 당시의 상황으로 보면 굉장한 양이다. 이 집은 농경지가 절대적으로 적은 강원도에서는 유일무이한 만석꾼의 집이었고, 전국을 통틀어서도 열 손가락 안에 들 정도였다고 한다.

모든 땅이 명당이다

배를 내려 다리를 건너 들어왔다고 해서 이름 붙여진 배다리골(선교)에 처음 선교장이 자리를 잡은 것은 지금부터 270여 년을 거슬러 올라간다. 18세기 중엽에 효령대군의 11세손 전주 이씨 무경茂卿 이내번李乃蕃, 1703~1781은 아버지를 여의고 어머니 안동 권씨와 강릉으로 이주해와 경포대 근처 저동에 자리를 잡는다. 강릉 출신인 그의 어머니는 충주에 살던 전주 이씨 이주화에게 시집을 갔는데, 결혼한 지 15년 만에 남편 이주화가 세상을 떠난다. 그 이후 집안의 여러 가지 상황은 이내번의 모자에게는 그다지 편하지 않게 돌아갔던 모양이다. 강릉에 돌아와서도 친정의 별다른 도움을 받지 못한 어머니와 함께 이내번은 재산을 열심히 모으기 시작한다.

운이 좋아서인지 수완이 좋아서인지 일은 잘 이루어지고, 금세 너른 터가 필요하게 되었다. 여기저기 터를 찾아다니던 어느 날, 이내번은 눈앞으로 떼를 이루어 이동하는 족제비들을 보게 된다. 이상하게 여겨 뒤쫓다 보니 족제비 무리는 어느 야산에 이르러 울창한 송림松林 속으로 사라져버리는 것이었다. 멍하니 서 있던 이내번이 정신을 차리고 주위를 둘러본다. 그런데 바로 그곳은 그가 원하던 너른 터였고 더군다나 자리도 더할 수 없는 천하의 명당이었다. 늘 그렇듯이 이야기의 결정적인 대목에서는 역시 신령스런 동물이 등장한다. 이내번은 그런 명당을 대번에 알아본다.

"시루봉에서 벋어 내리는 그리 높지 않은 산줄기가 평온하게 둘러져 장풍藏風을 하고 남으로 향해 서면 어깨와도 같은 부드러운 곡선의

●○ 사랑채의 기능을 하는 열화당은 도연명의 「귀거래사」 중 '친척들의 정다운 이야기를 즐겨 듣는다'는 시구에서 인용해 지은 당호다. 동판 지붕의 차양이 인상적이다.

좌우로 벋어, 왼쪽으로는 약동 굴신하는 생룡生龍의 형상으로 재화가 증식할 만하고, 약진하려는 듯한 호虎는 오른쪽으로 내려 자손의 번식을 보이는 산형이라 생각되었다. 더욱이 앞에는 얕은 내가 흐르고, 그 바른편에는 안산案山이 있고, 왼편 시내 건너에는 조산朝山이 있어 주산에 대한 객산의 자리를 지키고 있는 훌륭한 터였던 것이다."[2]

선교장 사람들이 믿는 그 땅의 모습이다. 이내번 일가는 그곳에서

●○ 세상에 명당은 없거나, 모든 땅이 명당이다. 다만 어떤 사람에게 맞는 어떤 땅이 있을 뿐이다. 열화당 대청에서 바라본 행랑채.

불같이 일어나 큰 부자가 되고, 그 집안이 오늘에 이르게 된 것이다. 그런데 그 땅이 그런 정도의 명당인가? 내가 보기에 그곳은 일반적인 명당의 구비 조건을 어느 정도 갖추기는 했지만, 그렇다고 다른 부잣집들이 가지고 있는 조건보다 훨씬 뛰어나지 않아 보인다. 그렇다면 어떻게 이 집은 부자가 3대를 못 간다는 통념을 뛰어넘어 두고두고 가세를 유지할 수 있었던 것일까?

사실 명당이라고 절대적인 기준이 있는 것은 아니다. 명당이란 단지 사람들의 상상력이 빚어낸 하나의 추측이거나 몇 가지 사례에 의해 가공되는 불완전한 형상이기 때문이다. 논리의 비약은 다소 있겠지만, 사실 이 세상에 명당은 없거나 혹은 모든 땅이 명당이다. 다만 '어떤 사람'에게 맞는 '어떤 땅'이 있을 뿐이다. 즉, 자신에게 맞는 땅을 골라서 그 위에 살게 되면 몸과 마음이 편안해지고 그 편안함 속에서 자신의 역량이 배가되는 것이다.

충남 아산에 있는 '맹씨 행단'이 좋은 예다. 조선 초에 뛰어난 재상 맹사성孟思誠, 1360~1438이 살던 곳인데, 사실 그곳은 일반적인 의미의 명당이 아니다. 땅의 위치가 커다란 산의 북사면이라서 언제나 그늘이 지고 싸늘한 곳이기 때문이다. 커다란 앞발을 높이 들고 포효하는 호랑이 밑에 집을 지은 형상이니 웬만한 사람들은 그곳에 들어가면 그 기세에 눌려 성치 않을 것이라고 한다. 그런데 맹사성은 그곳에 들어가 아무 탈 없이 잘살았다. 그뿐만 아니라 그는 관직에 들어가서는 별다른 난관 없이 높은 곳까지 오르고, 행복한 말년을 보내다가 세상을 떠났다.

맹사성이 명당에 들어간 것이 아니라, 맹사성이 들어갔으므로 그 땅이 명당이 된 것이다. 이내번이 고른 땅 역시 누구나 들어가기만 하면 복이 굴러들어오는 절대적 명당이 아니라, 그가 처한 여러 가지의 상황을 극복하는 데 가장 적합한 땅이었기 때문에 그곳에서 그는 부자가 된 것이다.

진정한 의미의 대가족을 이루다

이내번은 뛰어난 사업 수완으로 경제적으로 큰 성공을 거두면서, 세상과 일정한 거리를 두면서도 멀어지지 않고 세상을 바라볼 수 있는 새로운 중심을 찾고자 했다. 배다리골은 그런 그에게 아주 잘 맞는 곳이었다. 우선 강릉의 중심에 있지 않으면서도 별로 떨어져 있지 않고, 주변은 높지 않은 산으로 인해 적당히 가려지고, 터가 넓어서 살림의 규모를 점점 넓히며 그가 원하는 하나의 독립된 사회를 이룰 수 있는 곳이었다. 이내번은 족제비 가족처럼 그동안 불어난 재산과 가족을 이끌고 배다리골의 울창한 소나무 숲으로 들어온다.

높지 않은 능선이 양팔로 감싸 안고 있는 그곳에서, 그는 탄탄한 외곽을 쌓고 늘어나기 시작하는 가족과 함께 지낼 수 있는 장원을 꿈꾸었던 것 같다. 그래서 그는 일반적인 당堂이나 재齋로 끝나는 당호堂號를 쓰지 않고 장원을 뜻하는 장莊으로 집의 이름을 지었을 것이다. 그리고 그의 소원은 대대로 이루어진다.

●○ 선교장은 세월이 지나자 이에 맞춰 집도 늘어나면서 다양한 기능의 채들이 병렬로 나열되는 특이한 구성으로 완성된다. 선교장 입구의 활래정.

이내번의 이런 생각은 집을 구성하는데도 그대로 드러난다. 이내번이 처음 이 집을 지었을 때는 지금의 모습과 상당한 차이가 있었다. 지금처럼 초입에 활래정이 있지도 않았고 긴 행랑채도 없었다. 다만 가족들이 살 수 있을 정도의 일반적인 ㅁ자형 부잣집이었다. 세월이 지나며 식구가 늘어나고 이에 맞춰 집도 늘어나는데, 늘어나는 집의 모습은 일반적인 반가의 형식과는 조금 다른 양상을 띠게 된다.

선교장의 형식은 기본적인 틀을 완성한 3대 오은鰲隱 이후李厚, 1773~1832와 사회적인 기능이 확충된 6대 경농鏡農 이근우李根宇, 1877~1938에 의해 두 차례의 대대적인 증축을 통해 이루어진 것이다. 이내번의 손자인 이후는 자신들이 뿌리를 내린 강릉에서 경제적인 성공과 다른 측면에서 존경받는 명가의 위치를 확보하고 싶어 한다.

그는 여러 번 과거에도 응시하는 등 노력해보았으나 벼슬에 오르는 것이 쉽지 않았고, 결국 집안을 단속하며 재산의 증식과 가족의 화목에 온 힘을 기울인다. 가족 결속에 대한 열정은 어느 집에서나 있기 마련이지만, 이내번 대부터의 분위기가 일종의 가풍으로 작용한 것이다. 그는 먼저 세상을 떠난 두 아우의 식구들까지 받아들이며 진정한 의미의 대가족을 이루기 위해 집을 늘리게 된다.

이 작업은 4대 이용구李龍九, 1798~1837에게 연장되는데, 이때 지은 건물 중 하나가 유명한 열화당이다. 사랑채의 기능을 하는 이 건물의 당호는 도연명의 「귀거래사歸去來辭」 중 '친척들의 정다운 이야기를 즐겨 듣는다悅親戚之情話'는 시구에서 인용한 것이다. 사랑채의 당호로는 다소 엉뚱하지만, 집안의 이념과 아주 적절하게 들어맞는 이름이었다. 이로써 선교장은 일반적인 부잣집에서 대가족을 수용할 수 있는 장원으로 확실하게 개념이 정립된다.

그럼으로써 다양한 기능의 채들이 병렬로 나열되는 선교장의 특이한 구성이 완성된다. 이는 사회의 가장 작은 단위이며 가장 핵심의 단위인 가족이 집을 구성하는 하나의 조건이 아니라 목적으로 작용했기 때문에 이루어진 독특한 형식이다. 후대로 갈수록 선교장은 사회적인 성격이 확충되어 외부 지향적인 면이 드러나기도 하지만, 그 정신은 그대로 남아 대표적인 한국의 명가 중 하나로 자리하게 된다. 그렇기에 배다리골은 사회의 최소 단위인 가족을 핵으로 하여, 중심이 아닌 곳에 스스로 새로운 중심을 만들고자 했던 이내번의 염원을 담아냈던, 더할 수 없는 명당이 되었다.

서로를 배려하는
집

김명관 고택

호남의 풍족한 들판을 닮다

산이 많은 우리나라에서 아주 귀한 구경거리인 지평선을 볼 수 있
는 곳이 있다. 예전 지리시간에 아무런 감정도 없이 줄곧 외웠던 우리
나라의 곡창 호남평야와 김제평야에 가면 널찍하게 펼쳐진, 아니 널찍
하다는 표현으로는 그 묘한 여운이 전달되지 않는, 넓기만 할 뿐 아니
라 풍족하고 포근하고 폭신한 느낌의 땅이 눈앞에 펼쳐진다.

고속도로를 달리다가 빠져나와 김제평야가 펼쳐진 정읍으로 달리

면 끝없는 들판이 나온다. 기기묘묘한 풍경이 있는 것도 아닌데 참으로 마음을 후련하게 해주는 장관이 거기에 있다.

오래전 순창에 집을 한 채 지은 적이 있는데, 그때 늘 이 근방을 지나다녔다. 느긋한 마음으로 듣기 편안한 음악을 틀어놓고 운전을 하며 지나치기도 했는데, 한번은 해가 질 무렵에 그 들판을 지나게 되었다. 들판이 온통 황금에 절인 색이 되면서, 모든 사물과 존재가 그림자를 뽑아낼 수 있는 한 최대한 길게 뽑고 있었다.

그래서 그런지 모든 풍경은 현실 속에 있는 풍경이 아니라 화가의 그림처럼 추상적인 느낌을 강하게 보여주었다. 그때 들판 한가운데 아담한 정자가 한 채 나왔고, 그 안에는 할머니 두 분이 마주 앉아서 무언가 이야기를 나누고 있었다. 그때 내게, 무어라고 이야기할 수 없는 감동이 밀려왔다.

나중에 곰곰이 생각해보았는데, 그것은 아마 그 장소에 가장 적합한 모습, 자물쇠를 열기 위해 이리저리 돌려보다가 덜컥 하며 맞는 느낌 같은 그런 적확성이 주는 감동이 아닐까 하는 생각이 얼핏 들었다.

북쪽으로 군산과 경계를 이룬 만경강과, 남쪽으로 부안과 만나는 동진강 사이에 펼쳐진 호남평야는 전체 면적의 절반이 논이다. 7,400만여 평(약 245제곱킬로미터)의 논에서 생산되는 쌀은 연간 12만 7,000여 톤으로, 가마수로 따지면 176만 8,000가마나 된다고 한다. 그

● ○ 김명관은 도깨비들이 북을 세 번씩 울리면서 '한 말, 두 말' 하며 곡식을 되는 것을 보고 이 땅이 범상치 않은 곳임을 알아챘다. 호남평야의 평온한 조화를 닮은 김명관 고택.

래서 김제 사람들은 예부터 이 땅을 '징계맹게 외배미들'이라고 불렀다. 징게는 김제, 맹게는 만경, 외배미는 이 배미 저 배미 할 것 없이 모두 한 배미(구분된 논을 세는 단위)로 툭 트였다는 뜻이다.

이곳에서 지평선을 보려면 김제 초입 논 한가운데 솟아 있는 백산白山에 오르면 된다. 백산은 부안 인터체인지에서 고속도로를 내려가 태인 쪽으로 가다 보면 나오는 봉긋한 언덕이다. 고도 47미터로 산이라고 부르기에는 너무 낮은 언덕 정도의 높이지만, 그 위에 오르면 일망무제의 너른 들이 펼쳐져 눈은 물론이고 가슴까지 확 트인다. 그곳은 동학 농민들의 한이 서린 산이기도 하다. 1894년 동학농민운동 당시에 동학군이 첫 지휘소인 '호남창의대장소'를 설치하고 전열을 정비했던 곳이기 때문이다.

그 너른 들에서 바라보이는 풍경은 아주 단순하고 명쾌하다. 화면을 7대 3으로 구획하고 그 경계선에 수평선을 쭉 그으면, 위는 코발트색 하늘이고 아래는 초록색 혹은 황금색 들판이며, 그 사이에 아주 가늘게 사람과 집들이 끼어 있을 뿐이다. 그곳에서는 해가 땅에서 솟아오르고 땅으로 떨어진다. 또한 자연은 무척 크지만 보는 사람을 내리누르거나 무섭지 않고 참 포근하다. 평화로운 조화, 누구나 이곳에 오면 마음이 평화로워질 것이다. 특히 가을의 들판은 더없이 좋다. 추수를 앞둔 넉넉한 가을 들판을 원 없이 만끽할 수 있다.

다양한 공간의 조화로운 구성

그 근처에 그런 평온한 조화를 볼 수 있는 집이 한 채 있다. 정읍시 산외면 오공리라는 곳에 있는 김명관 고택이라는 집이다. 이 집은 따로 전해지는 당호는 없고, 다만 문화재로 지정된 1971년 당시의 소유주였던 김동수金東洙라는 사람의 6대조인 김명관金命寬, 1755~1822이 지은 집이라는 사실과 지은 지는 약 240년이 되었다는 사실만이 전해진다.

전라도 정읍 땅에 광산 김씨 시조인 김흥광金興光의 30대손이며 파시조派始祖인 판교공判校公의 11대손 김명관이라는 사람이 자손 대대로 살 집을 짓기 위해 땅을 찾아다닌다. 듣자 하니 전라도 태인 땅에 청석골이라는 곳이 있는데, 그 자리가 아주 좋다 하여 찾아갔다. 그런데 마침 그 자리에서 강아지가 똥을 누고 있어서, 그 모습을 보고 그는 이곳은 강姜씨네 터라며 단념한다.

그러던 중 어떤 잡목이 우거진 숲에 도착하게 되는데, 땅을 보는 안목이 뛰어난 김명관은 한눈에 범상치 않은 곳임을 알아챈다. 땅을 찬찬히 들여다보고 있었는데, 이윽고 밤이 되니 어디선가 도깨비들이 나타났다. 몸을 숨기고 도깨비들을 지켜보았더니, 그들은 북을 세 번씩 울리면서 '한 말, 두 말' 하며 곡식을 되기 시작했다.

그 소리를 들은 김명관은 "이곳이 바로 내가 찾던 집터다!"고 확신을 하게 된다. 북소리가 난다는 것은 이 자리에서 부자가 난다는 의미이고, 도깨비는 김씨를 가리키기 때문이다(호남지방의 어민들은 배고사를 지낼 때 물 도깨비를 향해 "물 위의 김 서방, 물 아래의 김 서방" 하면서 축원하기 때문에 도깨비를 '김씨'로 의미 치환한 것이다). 드디어 자리를 정한 그가 집을 지은 것은 1784년(정조 8)의 일이다.

김명관이 고른 자리는 앞으로는 호남평야의 젖줄인 동진강이 발원하고 있었고, 뒤로는 창하산이 있어 전형적인 배산임수의 지형을 갖춘 아주 이상적인 집자리였다. 더군다나 주산인 창하산은 지네의 형상을 가지고 있어, 명당의 격을 더해주고 있었다. 지네는 비록 생긴 것은 징그럽지만, 최소 15쌍에서 최대 170쌍에 이를 정도로 다리가 많아 천룡 天龍이라고도 부른다.

풍수에서는 지네형국의 터를 길지로 여기며, 다산과 풍요를 상징하는, 즉 자손이 번성하고 재화를 많이 모을 수 있는 자리라고 본다. 이미 상당한 수준의 안목으로 집자리의 장단점을 충분히 파악한 김명관은 10여 년 동안 집을 지으면서 장점은 살리고 부족한 곳은 풍수적인 비보 裨補까지 훌륭히 해낸다.

당시 김명관은 17세였다고 하는데, 약관도 안 된 나이에 어떻게 저런 집을 구상했을까 하는 의문이 들 정도로(약간의 전설이 덧붙여진 듯하다) 집의 규모는 무척 크다. 칸수로는 100여 칸이고(현재는 80여 칸이 남아 있다) 동수로는 7동, 영역으로 구분하자면 다섯 개의 영역이 있다. 지금은 한 채밖에 없지만 당시에는 여덟 채의 노비 집이 주변에 있었다고 하니, 보통 큰 집이 아니었다.

사실 이 집에서 볼 만한 것을 꼽아본다면 열 손가락이 모자란다. 자라 모양의 빗장이 달린 대문이라든가, 일곱 채의 집을 연결하기도 하고 분리하기도 하는 적당한 높낮이의 담장, 사랑채 귀퉁이에 아무렇게나 쭉 질러놓은 것 같이 생긴 무덤덤한 난간, 다양한 형태의 문틀과 창틀, 공간 사이사이에 박아놓은 굴뚝들……

집 안 구석구석 남아 있는 당시의 생활을 추측해볼 수 있는 시설들 하나하나가 모두 솜씨가 예사롭지 않은데, 무엇보다도 이 집에서 관심을 가지고 보아야 하는 보물은 다양한 공간의 조화로운 구성이다. 이 집의 모든 공간은 흘러간다. 물이 흐르듯이, 이야기가 흘러가듯이 서로 조금씩 간섭을 하면서 흘러간다.

옛집들 중 만석꾼 부잣집이라면 경주의 최부잣집이나 강릉의 선교장 등이 손꼽히는데, 같은 99칸 집이라도 각각 지역별 특성이 반영되어 있다. 김명관 고택은 전형적인 호남 부잣집의 모양대로 여러 개의 건물이 자유롭게 분산되어 있는데, 그 공간들이 모여 있는 모습이 자연스럽고 아름답다. 대문채, 바깥행랑채, 사랑채, 안행랑채, 안채, 안사랑채, 사당채의 7동의 건물이 윷가락을 던져놓은 듯이 여기저기 퍼져 있다. 그러다 보니 외부에서 안으로 들어가기의 동선이 길고 다양하고, 그 과정에서 연속되는 마당들을 만나게 된다.

행랑채와 담장으로 ㅁ자형을 구성하는 문간 마당은 마당의 크기,

● ○ 김명관 고택은 칸수로 100여 칸이었고, 동수로는 7동, 영역으로 구분하자면 다섯 개
  의 영역이 있을 정도로 보통 큰 집이 아니었다. 사랑채.

사랑채로 이어지는 중문의 위치, 식재, 담장 너머로 머리가 살짝 보이는 안행랑채의 배치 등 어느 곳 하나 허술한 곳이 없다. 안마당은 ㄷ자형의 안채 내부 마당과 안행랑채 사이의 긴 가로마당이 만나서 아늑함과 긴 마당의 아름다움을 보여주고 있고, 좌측 안사랑채 사이의 담장은 두 공간의 관계를 잘 정리하고 있다. 다양한 동선 체계와 그 사이사이를 잇는 마당의 구성은 이 집의 가장 큰 매력이다.

그중에서도 안채 마당은 가장 독특한 공간이다. 사랑 마당을 지나 안채로 들어가는 중문을 지나면 안행랑채 마당과 겹쳐지는 안채 마당이 나온다. 그 모양이 테트리스 게임에서 도형이 맞춰지듯 마당은 철凸자처럼 생겼고 안채는 뒤집어놓은 요凹자처럼 생겼다. 안채 마당은 공간들이 흘러가다가 잠시 끊어지는 부분이다. 도형으로 표현하자면 선으로 흐르다가 갑자기 점으로 모여 멈춰 있다가 다시 흐르는 곳이다.

집의 전체적 흐름에서 볼 때 안채 마당은 상대적으로 정지된 공간이다. 흐르는 공간에서 정지된 공간은 특이한 느낌을 준다. 모든 흐름을 빨아들이는 혹은 모든 흐름이 처음 시작하는 공간이라는 느낌이 든다.

◢ 시어머니 영역과 며느리 영역의 균형감

많은 전통주택이 그렇듯 이 집 역시 전체 공간의 중심을 안채에 두고 있다. 그런데 특이한 것은 안채의 형태가 안대청을 중심으로 완벽한 대칭을 이루고 있다는 데 있다. 왼쪽과 오른쪽에 똑같이 부엌도 두 개, 방도 두 개, 다락도 두 개다.

이런 비슷한 유형의 집을 몇 채 더 본 적이 있다. 충남 논산의 윤증 고택이나 경기도 여주의 김영구 가옥이 이 방식이다. 모두 부엌이 두 개, 방이 두 개인 좌우 대칭형의 안채가 있다. 이것은 말하자면 두 개의 태양이 공존하기 위한 방식이다.

대체로 당시의 경제권은 여자가 쥐고 있었다(원래 우리나라만큼 양성 평등, 더 나아가서는 여권이 확고한 나라도 드물었다). 딸과 아들이 재산을 균분하는 것은 물론이고, 제사도 돌아가면서 지냈으며, 결혼을 하면 처가살이는 기본이었다. 장남은 처가로 장가를 들고 차남이 집안의 대를 잇는 경우도 많았다.

그런 사회에서 지방마다 약간의 차이가 있었지만 대부분은 일정한 기간이 지나면 경제권이 이양된다. 즉, 며느리가 다시 며느리를 볼 정도의 연륜이 생기면 스스로 안방을 물려주고 명예롭게 은퇴하는 것이다. 그러나 일부 지방에서는 시어머니의 권한을 종신제로 인정해주었는데, 말하자면 운이 나쁜 며느리는 죽을 때까지 안방 차지를 하지 못하는 경우도 종종 있었던 것이다.

이 방식은 경기도, 충청도, 전라도 등 백제권의 지역에서 주로 발견되는데, 그 경우 며느리를 위해 안채에 따로 며느리의 부엌을 둔다. 그런데 김명관 고택에는 그 균형이 무척 엄정하다. 정면에서 볼 때 왼쪽의 시어머니 영역과 오른쪽의 며느리 영역 모두 부엌과 방의 모양, 그 상부의 다락 등이 그림을 그리고 반을 접어 똑같이 찍어낸 것처럼 똑같다. 이에 대한 많은 추측이 있다. 당시 김명관 집안의 고부 관계에서 며느리의 힘이 무척 강했을 것이라든가 혹은 처가 쪽의 재산으로 집을 지은 것이 아닌가 등. 그러나 사실을 확인할 방법은 없다.

안채의 좌측에 있는 시어머니의 공간인 안방의 주변을 둘러보면, 안방의 뒷문과 담을 하나 사이에 둔 안사랑채에 시집 간 딸이 해산을 할 때나 친척들이 놀러올 때 사용할 수 있는 공간이 있다. 안채의 우측에 있는 며느리가 기거했던 건넌방의 주변에는 살짝 감춰진 통로가 있다. 인접한 사랑채의 작은 방에서 기거하는 아들이 남들의 눈에 띄지 않게 통행할 수 있도록 되어 있는 것으로, 모두 예쁜 굴뚝이나 낮은 담으로 살짝 경계만 지어놓았을 뿐이다.

이런 식으로 가족들 각자의 처지에 맞는 사적인 공간들이 사이사이 배치되어 있는 모습은 권위적이며 근엄한 표정의 앞쪽의 마당과는

● ○ 안채의 시어머니 영역과 며느리 영역은 반을 접어 찍어낸 것처럼 똑같다. 이는 고부
간에 일정한 거리와 영역을 가지도록 한 것이다.

확연히 다르다. 이는 권력은 넘겨주지 않아도 실질적인 권한은 동등하게 가지고 나간다는 인간적인 배려를 통해 공존의 실마리를 찾아나간 것으로 보인다. 그럼으로써 고부간은 서로 일정한 거리와 더불어 일정한 영역을 소유하게 되며, 상호 인정을 통한 건강한 조화를 얻어낼 수 있었을 것이다.

이런 조화는 집을 처음 지을 당시, 지네의 기운을 어떻게 받아들일 것이며, 받아들인 그 기운이 흩어지지 않도록 어떻게 보존할지 고민했던 김명관의 치밀하고 탁월했던 마스터플랜에 의해 만들어진 결과물로 보인다. 그래서인지 집은 약 240년 전에 지어진 모습대로 거의 유지되고 있으며, 지금도 호남평야의 젖줄 동진강의 물기를 머금은 느티나무에 뒤덮여 아름답게 남아 있다.

권력의 상징이 된
집

운현궁

／＼야심가이자 영리한 정치가

역사적인 사건이나 상황을 소재로 하는 드라마나 소설은 늘 인기가 좋다. 정조나 이순신 등은 거의 주기적으로 소설이나 드라마, 영화를 통해 부활했다. 한편으로는 우리 역사에 대한 관심이 많이 생긴다는 점에서 환영할 만하지만, 다른 면에서 보면 매체 속성상 극적인 요소를 넣으려다 지나치게 과장되고 심지어 역사적 사실을 왜곡하는 경우가 종종 있어 우려스럽다.

그중 대표적인 인물이 이순신만큼 자주 등장하는 흥선대원군 이하응李昰應, 1820~1898이다. 그는 고종의 아버지이며 조선 말기의 절대 권력자였다. 흥선대원군에 대해 알려진 여러 정보 역시 소설을 기반으로 생성되고 확장되어 고정된 부분이 많다.

우리가 알고 있는 이하응의 모습은 대부분 김동인의 소설『운현궁의 봄』에서 비롯된다. 거기서 힘없고 가난하고 몰락한 종친 이하응은 '상갓집 개'처럼 옹색하고 비루하게 살며 시정잡배들과 스스럼없이 어울린다. 그러면서도 가슴속에는 거대한 꿈을 품고 소년 장수 다윗처럼 단기필마로 당시 큰 권력을 휘두르던 거대한 안동 김씨 집안과 대결을 펼치는데, 그 이야기가 아주 흥미진진하고 극적이다.

그러나 이하응은 그렇게 궁핍하지도 않았고, 안동 김씨와는 적당히 협력하며 견제하는 사이였다. 그런데도 우리에게는 소설 속의 이하응이 현실의 이하응을 덮어버렸다. 흥선대원군이 1820년에 태어나서 1898년까지 살았던 19세기 사람이고, 사실 따지고 보면 지금과 가까운 과거의 사람인데도 말이다.

운현궁雲峴宮은 이하응이 살았던 곳이고, 조선의 왕이었으며 이하응의 둘째 아들이었던 고종이 임금이 되기 전에 살았던 잠저潛邸다. 이곳은 단순한 집이 아니라, 19세기 조선 정치의 중심으로 조선의 흥망을 상징하는 큰 의미가 있는 곳이다. 흥선대원군과 명운을 같이했던 운현궁은 쇠락한 채 20세기를 보내다가 1996년에 복원되었다.

나는 운현궁이라는 이름을 예전 신군부에 의해 강제로 폐쇄된 민영방송 TBC(동양방송)의 '운현궁 스튜디오'라는 이름을 통해 알고 있었다. 물론 그 방송국 역시 넓게 보면 운현궁의 한구석에 있었지만, 운현궁의 핵심은 그 방송국 뒤편에 있었다. 그런데 안국동에서 낙원상가로 이어지는 길가에 늘어선 실험극장 등 다양한 건물에 가려져 그 존재를 인식하지 못했고, 흥선대원군 후손의 소유로 되어 있어서 더더욱 볼 수 없었다.

그러던 중 서울시에서 '서울 정도定都 600년 기념사업'의 일환으로 운현궁 복원에 착수해 그 집을 흥선대원군의 후손에게서 매입해 실측하고 고증하는 복원사업을 진행했다. 그렇게 해서 나는 운현궁이 아주 좋은 골격과 좋은 피부와 표정을 가지고 있다는 것을 알게 되었고, 지금도 지나가는 길에 자주 그곳에 들르기도 한다.

운현궁은 원래의 영역에서 많이 축소되었지만 그래도 중심이 되는 세 개의 영역은 남아 있다. 그 영역들이 모두 늙을 노老자 돌림이다. 노안당老安堂, 노락당老樂堂, 이로당二老堂. 무슨 별다른 의미라도 있는 걸까, 아니면 단순히 늙어서 편히 지내는 집, 늙어서 즐기는 집, 두 늙은이의 집, 뭐 그런 단순한 작명 센스로 만든 것일까?

흥선대원군은 사실 종친 중에서도 내실 있는 실무를 맡은 야심가

© 서동 l

●○ 운현궁은 흥선대원군이 살았던 곳이고, 고종이 임금이 되기 전에 살았던 잠저다. 또한 조선의 흥망을 상징하는 곳이다. 복원되기 전의 운현궁.

였다. 안동 김씨 일가를 견제하고 싶었던 신정왕후 조대비를 설득해 자신의 아들을 왕으로 세운 능력자였다. 그렇게 오랫동안 준비했지만, 고작 10년 남짓 집권하고 이후에는 자신이 세운 왕을 몰아내는 일에 몰두했다. 알고 보면 그는 파락호로 살았던 것이 아니라 왕족에 걸맞은 대우를 받았고, 사실 적당히 안동 김씨 집안과도 협력관계를 유지했던 영리한 정치가였다.

몰락해간 조선의 두 주인공

홍선대원군과 운현궁의 위상을 높인 계기는 공교롭게도 홍선대원군 최대의 정적이 된 며느리 명성황후의 혼례였다. 삼간택에 뽑힌 예비 왕비를 위한 교육과 예식이 운현궁 노락당에서 열린 것이다. 원래 왕실 가례嘉禮를 위한 별궁은 어의궁(효종의 잠저)을 사용했는데, 고종의 가례는 당시 신정왕후 조대비가 이례적으로 "별궁은 운현궁으로 하라"고 명을 내린다.

보통 왕가의 혼례, 즉 왕이나 왕자·공주의 배우자는 '간택'의 절차를 거친다. 1866년(고종 3) 1월 조선에 있는 12~17세의 모든 처녀에게 금혼령이 내려진다. 고종의 왕비 간택은 창덕궁 중희당에서 이루어졌다. 여홍 민씨 일가로 숙종비 인현왕후의 5대손이 되는 민자영閔玆暎, 1851~1895은 9세 때 아버지 민치록閔致祿, 1799~1858이 사망해 어머니와 함께 살았다. 약 두 달 후 초간택이 실시되었고, 민자영은 다른 4명의 후보와 함께 합격해 재간택에 들어간다. 삼간택은 두 달 후였는데, 이례적으로 민자영 혼자 삼간택에 오르고 나머지 후보자는 곧바로 혼례가 허용되었다. 즉, 사실상 내정이 되어 있었다는 이야기다.

홍선대원군은 원래 고종 즉위 전에는 안동 김씨 일파와 사돈을 맺기로 해놓고 약속을 어겼다. 당시 외척의 세가 거의 없던 명성황후가 훨씬 다루기 쉬울 것이라 여긴 것이다. 그러나 명성황후에게는 뛰어난 정치적 감각과 아버지의 대를 잇기 위해 양자로 들어온 민승호閔升鎬, 1830~1874 등 인척이 있었고, 나중에 안동 김씨 일가와 더불어 홍선대원군을 견제하게 된다.

　아무튼 간택이 된 명성황후는 운현궁에서 보름 정도 머물렀다. 그 후 고종이 명성황후를 데리고 운현궁에서 창덕궁으로 돌아오는 친영親迎을 거행하지만, 정작 혼례 당일에는 명성황후 대신 총애하던 후궁 귀인 이씨에게 갔다고 한다. 2년 후 이씨가 왕자인 완화군을 낳자 홍선대원군도 손자를 총애하며 곧바로 세손으로 삼으려고 했다. 이런 일들로 인해 명성황후는 상당히 마음을 다친 듯하다. 3년 후에는 명성황후도 왕자를 낳았으나 5일 만에 죽는다. 이때 홍선대원군이 갓난아이에게 산삼을 많이 넣은 보약을 지어준 점을 명성황후가 의심하면서 감정의 골은 점점 깊어진다.

　1873년(고종 10) 서원 철폐에 불만을 품고 있었던 유림의 거두 최익현崔益鉉, 1833~1906이 홍선대원군 섭정의 부당함을 지적하는 상소를 올렸다가 파직당한다. 이때 명성황후가 민승호와 홍선대원군이 실각시킨 풍양 조씨의 조영하趙寧夏, 1845~1884, 안동 김씨의 김병기金炳冀, 1818~1875, 고종의 형인 홍인군 이재면李載冕, 1845~1912, 최익현 등과 제휴해 그해 11월 운현궁에서 궁궐로 출입하는 홍선대원군의 전용 문을

● ○ 현재 운현궁은 중심이
되는 세 개의 영역이
남아 있는데, 노안당,
노락당, 이로당 등이다.
흥선대원군의 사랑채
이자 정무를 보던 노안
당(위)과 노안당 입구(아
래).

막아버렸다. 성인이 된 국왕을 두고 섭정의 명분이 없었던 홍선대원군은 결국 정계에서 물러나고 말았다.

그러나 은퇴 이후에도 홍선대원군은 끊임없이 복귀를 꿈꾸었고 명성황후와 수시로 갈등을 겪었다. 특히 고종의 형이자 자신의 장남인 이재면의 아들 이준용李埈鎔, 1870~1917을 총애해 고종을 폐위하고 왕위에 올리려고 했다.

1874년(고종 11) 명성황후는 나중에 순종이 되는 아들 이척李坧, 1874~1926을 낳으며 순조롭게 새로운 정책을 펴나가는 듯했다. 그런데 같은 해 우편물로 보내진 폭탄이 터지며 민승호 일가 3명이 폭사하는 사고가 일어나 무척 상심했다고 한다. 이 일의 배후로 홍선대원군이 지목되고, 1892년(고종 29) 운현궁에서도 원인 모를 폭탄 사고가 생기는 등 시아버지와 며느리 사이에서 살벌한 정치적 다툼이 끊이지 않는다. 그 사이에서 고종은 어려서는 아버지, 성인이 된 후에는 아내에게 실권을 빼앗긴 무력한 왕이 되어버린다.

집이지만 집이 아닌 곳

대원군이라는 명칭은 고유명사가 아니라 왕의 아버지가 된 사람을 이르는 일반명사다. 즉, 왕이 형제나 자손 등 후사가 없이 죽고 종친 중에서 왕위를 계승하는 경우 왕의 친부에게 주던 칭호다. 흥선군은 역사상 최초로 살아 있을 때 대원군이 된 사람으로 기록되었다. 이후 조선이 패망하고 왕이 나라를 다스리는 세상이 끝났으므로, 조선 최후의 대원군이기도 하다. 그래서 간혹 대통령 뒤에서 권력을 휘두르는 사람을 비꼬아 대원군이라는 별칭을 붙이기도 한다.

운현궁은 안동별궁에 살았던 흥선군이 분가하며 구름재 근처에 집을 짓고 살았던 곳이었다. 각고의 노력 끝에 1864년 12세였던 흥선군의 둘째 아들이 후사가 없었던 철종의 뒤를 이어 왕이 된다. 그리고 왕실의 지극한 배려로 집을 고치고 늘려 현재 운현궁의 모습을 갖추게 되었다고 전한다. 집이 다 되자 왕실에서 흥선대원군의 든든한 후원자 신정왕후 조대비 등 왕실 사람들이 친히 찾아와 축하해주었다고 전해진다.

운현궁은 사실 집은 집인데 집이 아니다. 언뜻 보면 일반인이 사는 집의 모습을 갖추고 있지만, 그 내용을 보면 왕이 사는 궁의 형식이 알알이 박혀 있다. 대표적인 것이 방이 방을 둘러싸고, 그 밖으로 마루가 둘러쳐져 있는 구조다. 경호와 안전, 보이지 않는 서비스 동선이 집에 숨겨져 있는 구성이다. 이런 방식은 궁궐의 내전內殿이나 침전寢殿에서 주로 볼 수 있는데, 운현궁의 건물들은 모두 그런 여러 겹의 공간 구성을 갖추고 있다. 또 하나는 세 채로 이루어진 본채를 건물 뒤편에서 살펴볼 수 있도록, 동쪽으로 얇고 길게 끊어지지 않고 연결된 긴 복도가 하나로 묶고 있다는 것이다.

원래 운현궁은 지금의 영역보다 훨씬 넓게 자리하고 있었다. 그러나 조선이 패망하고 주인인 흥선대원군이 아소당我笑堂에 거의 연금 상태로 갇혀 지내다가 세상을 떠나고 나서, 운현궁은 많이 훼손되고 축소되었다. 남북으로 길게 연속된 네 채의 한옥 중 가장 북쪽에 있는 영로당永老堂은 흥선대원군의 후손을 극진히 돌봐주었던 의사가 사들여 개인 소유가 되면서 복원 계획에 포함되지 못했다.

흥선대원군이 사랑채로 사용했던 노안당과 원래는 안채였으나 명성황후가 신부 수업을 받았던 관계로 공적인 공간으로 변한 노락당, 안채로 추가로 지어진 이로당이 운현궁으로 다시 태어나게 된 것이다.

노락당을 지나 이로당으로 가다 보면 낮은 담이 둘려 있는 곳이 나오고, 그 안으로 들어가면 노락당의 뒷면과 길고 얇은 노락당 북행각 건물로 둘러싸인 작은 마당이 나온다. 그 가운데에는 작은 공간에 삐쭉 솟은 전돌로 쌓아올린 굴뚝이 우뚝 솟아 있다. 낮은 담과 다양한 표정의 문과 창문, 운현궁 전체를 꿰고 있는 월랑月廊(궁궐이나 절 등의 정당正堂 앞이나 좌우에 지은 줄행랑)이 만드는 공간감은 크고 웅장한 건물들과 그것이 만들어내는 압도적인 공간감을 비집고 들어와 사람의 숨

●○ 운현궁은 흥선대원군이 난세에 직면한 나라를 경영했던 곳이자, 한 여인이 권력의 정점에 다다르게 된 터전이다. 그늘이 무척 아름다운 노락당과 이로당 사이의 공간.

통을 잠깐 열어주는 구실을 한다. 웅장한 도입부와 후반 전개부 사이에 잠시 경쾌한 소절을 끼워 넣은 교향곡 같다. 노락당과 이로당 사이에 있는 이 공간을 나는 특히 좋아한다.

좋은 건축에는 좋은 그늘이 있다. 나는 좋은 그늘을 설계할 줄 아는 사람이 최고의 건축가라고 생각한다. 내가 우리의 옛집을 좋아하는 것은 그늘이 훌륭하기 때문이다. 그 집들이 드리우는 그늘은 단색조의 단조로운 그늘이 아니라 여러 층을 거느리고 있다. 햇빛을 반사하는 마사토(점성이 없는 하얀 흙)가 곱게 깔린 마당에 지붕과 처마의 선으로 우아하게 드리워져 있는 안락함, 혹은 그늘 안에 들어가 있을 때 느껴지는 편안함, 그 다양한 층위……. 운현궁 역시 그런 독특한 맛을 느낄 수 있는 곳이다.

운현궁은 잠룡처럼 웅크리고 있던 흥선대원군이 야망을 펼치며 난세에 직면한 나라를 경영했던 곳이자, 어리지만 총명했던 한 여인이 권력의 정점에 다다르게 된 터전이 된 곳이다. 지금은 그저 파란만장했던 옛 이야기와 역사가 드리우고 있는 울창한 그늘을 품고 서울 한복판에 한적하게 잠겨 있다.

제2장

생각을 이어가다

#임리정과 팔괘정 #소수서원 #병산서원과 도산서원 #도동서원

스승과 제자의 집

임리정과 팔괘정

꽃이 피고 지듯 사람도 피고 지다

어젯밤 비에 꽃이 피더니	花開昨夜雨
오늘 아침 바람에 지고 있네.	花落今朝風
가련토다 한낱 봄날의 일이라니	可憐一春事
비와 바람 사이에 오가는구나.	往來風雨中

이 시의 제목인 우음偶吟이란 '우연히 읊는다'는 뜻이다. 조선 중기

제2장 생각을 이어가다

의 학자 송한필宋翰弼, 1539?~1594?이라는 사람이 지은 시라고 하는데, 나도 우연히 읽게 되었다. 내 기억으로는 내가 처음으로 외우게 된 시이기도 하다. 이 시를 좋아해서이거나, 이 시에 큰 의미를 부여해서 외운 것도 아니고 순전히 '우연히' 읽고 외웠다.

중학교 1학년 때 학교에서 흔히 벌어지는 '환경미화 배틀'에서 우수한 성적을 거두기 위해, 반마다 여러 가지 액자나 조형물을 차출하는 과정에서 어떤 학부모가 기증한 두 개의 액자가 우리 교실 벽과 창문 사이에 끼여 있던 기둥에 걸렸다.

하나는 '꽃이 지기로서니 바람을 탓하랴'는 문장으로 시작하는, 좀 생급스러운 시화가 곁들여져 아주 조야한 느낌이 들었던 시였다. 또 하나는 한문으로 적혀 있었고 그 옆에 '화개작야우花開昨夜雨 화락금조풍花落今朝風' 하는 훈이 달리고 한글로 해석이 곁들여진 액자였는데, 너무 고전적 느낌을 주다 보니 민속주점 벽지 같은 느낌이었다. 그 시들에 대해 사실 아무런 관심이나 애정도 없었지만, 지루한 수업시간에 고개를 돌리고 읽다 보니 어느덧 외우게 되었다. 그런데 알고 보니 조지훈趙芝薰, 1920~1968의 「낙화」와 송한필의 「우음」이었다.

조지훈에 대해서는 얼마 지나지 않아 청록파, 「승무」 등이 교과서에 나오면서 알게 되었으나, 송한필에 대해서는 그 후로도 전혀 아는 바가 없었고 또한 알고자 하는 욕구도 없었다. 그리고 30여 년이 지난

후에야 송한필이라는 사람을 알게 되었고, 그 시가 무척 의미가 깊은 시였다는 것도 알게 되었다. 그를 알고 다시 그의 시를 읽으며 나는 깊은 물속으로 한없이 들어가는 듯한 느낌을 받게 되었다.

송한필은 조선 중기의 명문장가다. 그의 형인 송익필_{宋翼弼,} 1534~1599과 더불어 율곡_{栗谷} 이이_{李珥, 1536~1584}가 성리학을 논할 수 있는 두 사람으로 지목할 정도의 깊은 학식을 가진 사람이었다. 그리

● ○ 임리정은 예학의 종장 김장생이 추구하는 삶과 닮은 집이다. 높지도 않은 누마루에 앉으면, 아래로 금강이 시원하게 흐르는 호쾌한 풍경이 펼쳐진다.

나 그의 인생은 참 극적이었다.

아버지 송사련宋祀連, 1496~1575은 사림의 숙청에 앞장서 출세했던 사람이다. 아버지의 행적으로 인해, 송한필이 태어날 당시에는 유복한 환경에서 자랐다. 그러나 외증조모가 천출이었다는 신분적 제약으로 인해 평생 벼슬을 하지 못하고 초야에 묻혀 학문을 익히고 제자들을 길렀다. 말년에는 노비의 신분으로 전락해 도망을 다니다가 생을 마감했다고 한다. 그런 곡절 많은 자신의 일생을 꽃이 피고 지는 것을 보면서 우연히 읊었을 것이라는 정황을 떠올리니 마음이 무거웠다.

율곡 이이의 말마따나 송한필·송익필 두 형제의 학문은 대단했고 특히 송한필의 형인 송익필은 아주 높고도 깊은 학문의 경지에 이르렀다고 한다. 그가 키워낸 제자가 바로 우리나라 예학의 비조鼻祖로 일컬어지는 사계沙溪 김장생金長生, 1548~1631이다. 조선 후기를 지배했던, 엄격한 위계와 계급적 질서에 충실했던 예학이 '천출'인 송익필에 의해 열렸다는 것은 정말로 흥미로운 역사적 사실이다.

시대를 설계하고 시공하다

우리가 익히 알고 있는 바대로 조광조趙光祖, 1482~1519 등 사림파가 훈구파에 의해 숙청되었던 기묘사화己卯士禍(1519년) 2년 후 또다시 신사무옥辛巳誣獄(1521년)이 일어난다. 심정沈貞, 1471~1531·남곤南袞, 1471~1527 등이 안당安瑭, 1461~1521·안처겸安處謙, 1486~1521 등 사림 세력을 무고한 사건인데, 그 주동자가 바로 송익필 형제의 아버지인 송사련이다.

사실 송사련은 안처겸과는 친인척간이었다. 송익필의 할머니 감정甘丁, 1467~1537이 안돈후安敦厚, 1421~1483의 천첩이었던 중금重今의 소생이었기 때문에 안돈후의 아들이자 우의정을 지낸 안당은 송사련의 외삼촌이고, 안당의 아들인 안처겸은 외사촌이었던 셈이다. 그의 출신에 대한 열등감이 추악한 욕망과 만나 안처겸 일가의 반대편에 서서 일생 영화를 누렸으나 그 오명은 자식들에게 넘어가게 된다.

나중에 안처겸의 후손들이 송사를 일으켜, 역모가 조작된 사건임이 밝혀지고 송익필 형제를 포함한 감정의 후손들이 안씨 가문의 사노비였다는 것이 드러난다. 졸지에 사노비로 환속된 송익필은 성씨와 이름을 바꾸어 몸을 피한다. 이후 정여립鄭汝立, 1546~1589이 역모를 꾀했다는 기축옥사己丑獄事(1589년)가 일어나 이호李浩, ?~?·백유양白惟讓, 1530~1589 등 1,000여 명의 동인이 제거되며 송익필 형제는 모두 양반의 신분으로 회복되었다. 당시 이 사건을 맡아 처리한 인물은 송익필과 절친했던 정철鄭澈, 1536~1593이었고, 그 때문에 송익필은 기축옥

사를 막후에서 조종해 무고한 사람들을 죽게 만든 인물로 지목되기도
했다.

어쨌거나 송익필이 탁월한 재능을 지닌 인재였다는 것은 분명하
다. 신사무옥 이후 공신에 올라 당상관까지 역임한 아버지의 후광으
로 당대 최고의 문장가들과 어울렸으며, 이산해李山海·최경창崔慶昌·
백광홍白光弘·최립崔岦·이순인李純仁·윤탁연尹卓然·하응림河應臨 등
과 함께 '8대 문장가'의 한 사람으로 꼽혔다. 예학에 밝았으며 당대 사
림의 대가로 손꼽혔던 명망으로 인해 김계휘金繼輝, 1526~1582의 아들
김장생을 첫 제자로 받아들였고, 김장생 또한 송익필의 영향으로 예학
의 대가로 성장하게 되었다.

일설에 충청도가 양반의 고장으로 불리게 된 것은 우리나라 예학
을 정리한 김장생·김집金集, 1574~1656 부자가 충청도 출신이었기 때문
이라는 말이 있다. 예학이란 성리학이라는 추상적인 학문을 현실에서
가능한 구체적 규범으로 정리한 학문이고, 쉽게 이야기해서 예의범절
에 관한 학문이다. 그러나 그것에는 쉽게 정의되고 규정될 수 없는 복
잡한 시대 상황과 정치 상황이 얽혀 있다.

'예禮'라는 것은 질서를 의미한다. 혼돈에서 세상을 구할 수 있는
것은 당연히 질서이며, 그 질서는 예라는 구체적 규범에 의해 완성된
다는 것이다. 여기까지는 어려울 것이 별로 없다. 아주 상식적인 이야

●○ 송시열은 팔괘정을 우주 만물이 함축된 중심으로 보고, 조선 예학의 적통으로서 자신의 입지를 다지고자 했다.

기다. 어려운 시기가 되면 사람들은 으레 예를 강조한다. 공자가 그랬고 주자가 그랬으며 임진왜란 이후의 조선이 그랬다. 도탄에 빠진 사회를 구할 수 있는 방법은 오직 질서의 회복이라는 것이다.

다만 예의 구체적인 실행 방식에서는 이견이 있었다. 왕은 좀 다르게 다루어(모서)야 한다는 왕권신수를 옹호하는 王者禮不同士庶 남인과, 왕과 신하의 예는 같다는 天下同禮 서인이 대립한다. 이는 정치적인 입장의 차이기도 하지만 참고하는 텍스트의 차이기도 하다. 남인의 텍스트는 고대부터 전해진 『주례』이고, 서인의 텍스트는 주자가 펴낸 『주자가례』다. 그 사소한 출발에서 비롯되어, 엄청난 피바람이 불어온다. 결국 서인이 평정하게 되는데 그 윗길에 송익필과 김장생이 있고, 실행자는 우암_{尤庵} 송시열_{宋時烈, 1607~1689}이다.

김장생은 송익필의 제자이고 송시열은 김장생의 제자다. 송익필과 김장생이 벼슬과 큰 관계가 없는 자의반 타의반 전업 학자였다면, 송시열은 자의반 타의반 대단한 정치가이고 예학의 원칙주의자였다. 그는 또한 한 시대의 건축가였다. 그를 건축가라고 부르는 것은 대단히 중의적이다. 그는 시대를 설계하고 시공했으며, 집도 설계하고 시공했다.

예학자의 삶을 담다

송시열이 지은 집은 대전의 남간정사_{南澗精舍(1683년)}가 대표적이지만, 남간정사의 원류는 강경의 높다란 언덕에 지어진 팔괘정_{八卦亭(1633년)}이다. 팔괘정의 원류는 다시 김장생이 지은 임리정_{臨履亭} (1626년)으로 거슬러 올라간다. 팔괘정은 임리정과 불과 150미터 정도의 거리를 두고 자리 잡고 있는데, 스승 가까이에 있고자 한 마음을 담아 지은 것이라고 하며, 이황과 이이를 추모해 학자와 제자들에게 강학하던 곳이었다.

옛집 이름에 붙는 '정사', '정', '당', '재' 등은 어떤 의미이고 무엇이 다른 걸까? 집의 이름을 '당호'라고 하는데, 보통 집의 용도에 따라 다르게 지어진다. 안계복은 『한국건축개념사전』에서 건물 이름 끝에 붙는 용어에 대해 다음과 같이 설명한다.

"전殿은 궁궐이나 사찰처럼 위계가 높은 건물에, 당堂·헌軒·와窩는 종택이나 개인이 거처하는 건물에, 누樓·정亭·정사精舍·대臺는 유관遊觀하는 건물에, 각閣은 방이 없는 건물에 주로 붙였다."[3]

또한 옛 사람들은 집의 편액을 걸 때 자연경관에 따르거나, 경계해야 할 의미를 붙이거나, 선조가 남긴 뜻 가운데 잊어서는 안 될 것으로 정했다고 한다. 말하자면 '정'이나 '정사'는 집의 이름 중에서 가장 위계가 낮은 편인 셈인데, 그 최소한의 집을 통해 성리학자들은 자신의 가장 큰 이념을 담고자 했다.

팔괘정이나 임리정의 '정'은 가장 오래된 중국의 한문 사전인 『설문해자』에서 백성이 안정을 취하는 곳으로 정의된다. 보통 수려한 자연경관을 즐기기 위한 곳이며, 특히 학문을 닦거나 은둔 생활을 위해 짓는 경우가 많다. '정사'는 학문 연구 기능이 좀더 강조된 곳이었다. 특

⊙ 국립부여문화재연구소

●○ 송시열은 감장생이 지은 임리정을 마주 보는 그러나 조금 더 높은 언덕에 그대로
흉내내어 팔괘정을 지었다. 스승 김장생(왼쪽)과 제자 송시열(오른쪽).

히 '남간정사'는 송시열이 머물던 시절 전국 사림의 여론을 좌우하고
조정에 큰 영향력을 미치던 중심지였다.

임리정은 『시경』에 나오는 '여림심연如臨深淵', '여리박빙如履薄氷'이
라는 글귀에서 따온 이름이라고 한다. 깊은 못가에 서 있는 것과 같이,

얇은 얼음장을 밟는 것과 같이 조심하고 또 조심한다는 뜻이다. 아마도 김장생이 평생 가슴에 품고 행동에 드리어 놓았던 인생의 지침이었던 글자 '경敬'을 의미하는 듯하다. 그런 자세로 평생을 살았으므로 김장생이라는 인물은 큰 기복 없이 학문에 열중하고 제자를 길러내며 순탄히 살았을 것이다.

임리정은 그런 집이다. 강경의 언덕에 자리를 하지만 두드러지게 불끈 솟지도 않고 그렇다고 남들이 쉽게 내려다보지도 못하는 위치에 집을 지었다. 그 집은 역시나 3칸 집, 가장 평범한 그러나 모든 선비가 마지막에 돌아간다는 '삼간지제三間之制'에 따른 집이다. 여기까지는 별다른 것이 없다. 아주 무난하고 입지에 충실한 집이다.

그런데 그 안에 2칸 마루와 나머지 1칸을 반으로 갈라서 뒤에는 잠을 잘 수 있는 방을 두고 앞쪽은 살짝 들어서 누마루를 설치했다. 밖에서는 잘 인지되지 않으나 높지도 않은 그 마루에 앉으면, 아래로 금강이 시원하게 흐르는 호쾌한 풍경이 펼쳐진다. 밖으로는 온화하지만 안으로는 뜻이 높은, 김장생이 추구하는 삶과도 닮은 집이다. 그리고 주변에는 나무들이 성글지만 느슨하지 않게 펼쳐져 있다. 그런 집의 구성은 송시열이 근처에 지은 팔괘정에 그대로 연결된다.

"팔괘정과 임리정의 지리적 위치는 당시의 정치사회적 구도와 절묘하게 맞물려 있다. 김장생의 선배 격인 남명 조식, 퇴계 이황 등 조선 성리학의 완성자들이 은거를 자처해 변두리로 숨어든 것에 비해 김장생을 비롯한 예학의 선봉들이 상업, 교통의 요충지에 그들의 발판을 마련한 것은 조선 중기의 시대적 변천 상황을 분명하게 드러내준다.[4]

송시열에게도 김장생은 쉽게 뛰어넘을 수 없는 벽이었을 것이다. 그는 스승이 지은 임리정을 마주 보는 그러나 조금 더 높은 언덕에 그대로 흉내내어 팔괘정을 지었다. 팔괘는 주역의 기본 괘로서 만물을 상징한다. 말하자면 송시열은 자신의 집을 우주 만물이 함축된 중심으로 보고, 이이·김장생·김집으로 이어지는 조선 예학의 적통으로서 자신의 입지를 다지고자 했던 것이다.

존중하며 공부하는
집

소수서원

학교와 군대와 감옥은 같다

　내가 간혹 "한국의 학교와 군인들이 생활하는 병영과 사람들을 수
감하는 감옥의 건축적 어휘는 거의 같다고 볼 수 있다"고 말하면, 사람
들은 처음에는 저항감을 표하다가 이내 고개를 끄덕인다. 물론 만든
목적이 분명히 다른 세 건축물을 같이 엮는 시각이 불편하겠지만, 그
공간들을 구성하는 데 가장 큰 목적은 감시와 효율이다. 각 공간들을
한눈에 볼 수 있게 나란히 놓고, 한 사람이 여러 사람을 동시에 볼 수

있게 하며, 최대한 많은 인원이 들어가도록 만들어놓아 모두 틀에서 찍어낸 듯 비슷하다. 일사불란하게 나열되어 있는 그곳에는 어떤 차별성이나 특성도 없다.

그래서 이곳들은 그 안의 구성원들에게 추억의 장소 혹은 아름다운 기억을 담은 공간이 아니라 두려움과 공포의 상징으로 남는다. 우리가 흔히 보는 많은 공포영화의 배경으로 자주 등장하는 것만 보아도 쉽게 수긍이 갈 것이다. 그러다 보니 그런 공간들은 군더더기가 없고 직설적이다. 그곳에서는 훌륭한 감시와 계도와 통제가 되는 대신, 근본적으로 인간의 존엄성이라든가 인간에 대한 예의라든가 인간이 기본적으로 갖춰야 할 감수성에 대한 고려가 없다.

특히 인간의 모든 심신의 가치를 높이기 위해 가르치고 지도하는 교육의 장소인 학교가 가장 문제다. 공간들 간의 어떠한 존경도 없고 배려도 없이 그저 쭉 나열되기만 한 곳에서 어떤 교육이 이루어지고 어떤 교류가 이루어질까, 그런 생각을 하면 우울하기 그지없다.

사람들은 그것을 별다른 문제로 삼지 않으며 바꾸려는 시도를 하지 않는다. 내가 20년 가까이 가장 많은 시간을 보냈던 학교들을 돌이켜보아도, 그 어떤 공간도 나의 감수성을 키워주었다거나 추억을 불러일으키는 곳은 없었다. 중학교 1학년 때나 고등학교 3학년 때, 심지어는 대학교 강의실마저 늘 비슷했다.

●○ 소수서원에 들어서면 학생들이 강학을 하는 강당 격의 명륜당이 나오는데, 명륜당이 전체 영역의 반을 가르듯 한가운데에 있다.

끝을 알 수 없이 긴 복도에 교실들이 모두 같은, 무표정하기 그지없는 얼굴로 기다리는 그곳을, 우리는 그 위에 대롱대롱 달려 있는 푯말이 없다면 찾아들어갈 수 없다. 그 안에 줄을 정연하게 맞춰놓은 책상에 앉아서 모두 같은 방향을 보며 하루를 시작하고 1년을 시작한다. 심지어 건물 바깥으로 나서도 그늘도 별로 없는 황량한 운동장이 메

마른 사막 같은 느낌만을 줄 뿐이었다.

　우리가 학교에서 배워야 하는 것은 명문 학교로 진학해서 높은 연봉을 주는 직업을 얻기 위한 학문적 기술이 아니라, 사회적인 동물인 인간에게 가장 기본적인 덕목이며 도덕률인 서로 배려하고 존경하는 마음과 자세다. 존경은 어떤 개체가 다른 개체를 인정하고 그 존재의 의미를 존중하며 교류하고자 하는 마음을 담는 것이다. 그것은 어떤 거창한 다짐이 아니라 소소한 생활에서 시작되는 것이고, 인생 전반에 걸쳐 있는 것이다. 그런 개념을 바탕으로 한 건축이나 공간 혹은 그런 사회 그런 도시에서, 사람은 진정한 인간으로서 삶을 이룬다고 생각한다.

성리학을 잇고 후학을 양성하다

　서원은 교육의 공간이다. 서원이 생기기 이전에도 향교나 성균관 등 이를테면 공립학교 격의 교육시설들이 있었다. 그에 비해 서원은 사립학교의 성격을 가진 곳이고 지금으로 치면 대학 정도, 사회에 혹은 관직에 나오기 직전의 교육기관으로 보면 된다.

　조선은 무척 독특한 정치적 시스템으로 구성된 나라였다. 왕은 있으나 왕이 신하에게 견제를 받는 나라, 사대부라는 새로운 계층에 의해 만들어진 나라다. 사대부는 초야에서 공부를 하며 자신을 닦는修己 '사士'와 벼슬에 나가 세상과 사람을 다스리는治人 '대부大夫'를 합성한 말이다. 혼란해진 고려 말기에 등장한 그들은 정치적인 입장을 적극적으로 표명하며 조선이라는 나라의 기틀을 세웠다.

　그때의 사대부들은 두 개의 길로 갈린다. 한쪽은 적극적으로 정치에 개입해 나라의 실권을 잡은 훈구파로 불리고, 한쪽은 선비로서 대의와 충절을 중요시하며 정치에 나서지 않았던 훗날 사림으로 불리는 사람들이었다. 조선이 어느 정도 자리를 잡은 시기, 즉 세종에서 성종 시대를 거치며 초야에서 학문과 자신을 닦던 사림이 중앙정치 무대에 들어서기 시작한다. 네 차례에 걸친 사화로 인해 많은 시련과 상처가 있었지만, 결국 사림의 입지는 공고해져 이후 조선을 주도하는 실권 세력이 된다. 이상의 흐름은 우리가 흔히 아는 이야기다.

　사림은 성리학적 세계의 구현을 목표로 삼았고, 성리학을 체계화한 주자를 큰 스승으로 섬겼다. 서원은 안향安珦, 1243~1306에서 시작되어 이색李穡, 1328~1396과 정몽주鄭夢周, 1337~1392를 거쳐 김종직金宗直, 1431~1492과 이황으로 이어지는 한국 성리학의 학맥을 잇고 후학을 양성하고자 만든 곳이다.

　주세붕周世鵬, 1495~1554이라는 사람이 풍기 군수를 지낼 때 우리나라에 성리학을 들여온 안향을 배향하는 사당을 먼저 만들고, 1년 후에 주자가 세웠다는 백록동 서원을 본받아 백운동 서원이라는 사설학교를 만든 것이 서원의 시초다. 이후 그 서원은 이황의 적극적인 노력으로 당시의 왕인 명종에게서 사액賜額을 받아 소수서원紹修書院이라는 이름으로 격상된다. '소수'는 '무너진 학문을 다시 이어서 닦는다既廢之學 紹而修之'는 말에서 유래된 것이다.

● ○ 소수서원은 서로에 대한 배려와 존경과 애정이 적당한 위치와 드러나지 않는 은근한 위계를 통해 존재할 수 있다는 것을 보여준다.

이후 서원은 널리 퍼지게 되었고, 지방 세력들의 인적·물적 산실이 되면서 비정상적인 권력이 행사되기에 이른다. 급기야 여러 차례 조정의 제지를 거치다가 마침내 고종 대에 이르러 흥선대원군에 의해 중요한 서원을 제외한 대부분의 서원이 없어지고 말았다.

소수서원은 부석사로 가는 길목에 있다. 부석사는 해마다 가고 철마다 갈 만큼 셀 수 없이 많이 갔던 곳이다. 그런데 정작 소수서원에는 가보지 못했다. 대부분은 정신없이 부석사로 달리다가 나올 때 들러야지 하다가는 막판에 봉정사 쪽으로 방향을 돌려서 들어가지 못했다. 혹은 그래서는 안 되겠다고 생각해서 들어가보고자 했더니 너무 일러 문을 안 열었거나 공사 중이라 문을 닫아놓았고 해서 언젠가 들르겠지 하면서 늘 다음을 기약하며 그냥 지나쳤던 곳이다.

그러다가 어느 가을에 반드시 가리라 마음먹고 풍기에 들어서자마자 소수서원부터 들렀다. 소수서원으로 들어가는 길은 참 고적했다. 훤칠한 소나무들이 활활하게 서서 너울거리고 있었고, 가을이 제대로 박힌 풀과 나무와 하늘이 자신들이 낼 수 있는 제일 아름다운 색을 내며 경쟁하고 있었다. 눈이 부시게 아름답다는 표현이 이 시기의 자연보다 적합한 경우는 아마도 찾아보기 어려울 것이다.

서로에 대한 존경과 애정

소나무 숲을 지나고 작은 언덕을 끼고 살짝 돌아 들어가자, 조그만 정자가 보이며 소수서원의 영역이 시작되었다. 조선 후기의 많은 서원이 산을 끼고 높은 곳에 앉아서 커다란 누각을 앞세운 위세 가득한 풍모를 보이는 것과는 사뭇 다른 모습이었다. 그 대신 경렴정이라는 아주 소박한 정자가 문 앞에 있을 뿐이었다.

문에 들어서면 커다란 건물의 옆면이 나오는데, 학생들이 강학을 하는 강당 격의 명륜당이다. 명륜당이 전체 영역의 반을 가르듯 한가운데 나타나고 좌우로 건물들이 그야말로 윷놀이판에 윷가락을 뿌려놓은 듯 널려 있다. 우리가 아는 일반적인 서원과는 사뭇 다른 배치에 조금은 당황했다.

비유하자면 창덕궁의 배치와 공간에서 느껴지는 감동과 비슷했다. 경복궁이 직교하는 좌표와 책에 나온 대로 법칙대로 정연하고 엄숙하게 만들어놓은 정궁正宮이라면, 창덕궁은 땅의 흐름과 기운의 흐름대로 공간들 간의 상호 존중과 땅들끼리의 교감을 바탕으로 지어놓은 건물이다. 질서 정연한 교회의 미사곡이나 형식미를 강조한 시에서 느끼는 감정과, 내재된 운율을 바탕으로 혹은 운율이 안에서부터 알처럼 박혀서 나오는 그런 시를 읽을 때의 감정의 대비와도 흡사하다.

소수서원도 내재된 운율과 자연의 흐름을 가장 큰 뼈대로 삼아 집을 구성해놓았다. 그래서 처음 들어갔을 때는 당황스럽지만 시간이 지나며 앞과 뒤와 옆과 그 흐름이 예사롭지 않게 느껴진다. 땅의 흐름과 바람의 흐름, 사람의 움직임의 흐름이 섬세하게 굽이쳐 지나간다는 생각이 들며 푸근해진다.

가령 병산서원이나 도산서원이나 도동서원과 같이 서원의 고전으로 일컬어지는, 혹은 서원의 가장 좋은 예로 떠받들어지는 그 서원들을 보자면, 모든 건물은 무언가를 향해 가듯 어떤 질서에 의한 정연한 배치와 일정한 리듬과 표정을 담고 있다. 공손하면서도 경건하고 또한 아주 맑은 기운이 느껴지고, 그 자세만으로도 많은 사람은 감동을 한다. 한참을 올라간 후에 돌아섰을 때 서원 앞으로 펼쳐지는 아름다운 풍광에 놀라게 되는 것이 일반적인 서원의 모습이었다.

그런데 소수서원은 좀 다르다. 대문에 들어서자마자 보이는, 한가운데 덩그러니 앉아 있는 명륜당을 끼고 오른쪽으로 들어서면 작은 건물 두 개가 옹기종기 모여 있다. 하나는 학구재이고 하나는 지락재다. 칸수로 보면 둘 다 3칸짜리 아주 작은 집인데, 지락재는 마루가 오른쪽으로 2칸이 있고, 학구재는 마루가 가운데 1칸이 있다. 말하자면 서원 건축에서 위계가 낮은 편인 학생들이 기거하는 방이다.

보통의 경우 누각을 지나 마당으로 들어서면 가운데 큰 강학당 좌

● ○ 가운데 1칸이 마루로 구성된 학구재(위)와 2칸 마루가 마당으로 연장되어 담장 너머
아름다운 계곡으로 이어지는 지락재(아래).

우에 아주 낮게 시립하고 있는 건물이 동재와 서재로 불리는 학생들의 공간인데, 이곳에서는 학생들의 공간으로 발길이 먼저 닿게 된다. 지락재의 2칸 마루에는 마당이 연장되어 담장 너머 아름다운 계곡으로 이어지고 풍성한 가을 단풍이 한가득 담긴다. 큰 스승들의 영혼과 엄격한 학문의 전당에서 느껴지는 기분이 아니고, 개인적인 혹은 사적이고 은밀한 집의 공간에 앉아 있는 느낌이 든다.

명륜당을 중심으로 빙 둘러가며 안향과 주세붕의 영정을 모신 영정각과 장서각, 안향과 주세붕 등의 영혼이 쉬고 있는 문성공묘가 거의 같은 선상에 자유롭게 뿌려져 있다. 그러면서도 사람의 동선을 자연스럽게 낮은 곳에서 높은 곳으로 이동하도록 만드는, 자유롭지만 엄정한 위계가 그 안에 있었다. 참 의아하면서도 신선하다는 느낌이 들었다.

서원을 둘러보고 나오다 주세붕이 계곡 맞은편 바위에 '경敬'이라고 크게 새긴 각자刻字를 보았다. 각자에는 붉은색이 칠해져 있었고 그 위에는 조금 작은 글씨로 '백운동'이라고 이황이 새긴 글씨가 보였다. 시기적으로 주세붕이 새긴 뒤에 한참 지나 쓴 글씨겠지 싶다. 두 학자가 시간의 간격을 두고 새긴 글씨는 소수서원을 상징하는 무언가를 나에게 이야기해주는 것만 같았다.

그리 넓지 않은 바위에 먼저 새긴 사람은 적당한 여백을 남겨 뒤에

오는 사람을 배려했고, 나중에 새긴 사람은 적당히 앞사람을 넘어서지 않고 공생하려는 마음을 담았다. 소수서원은 서로 간의 배려하는 마음과 존경을 담은 집이었다.

혹자는 소수서원이 초기의 서원으로서 어떤 원칙과 규범이 생겨나기 전에 지어진 건물이므로 그런 자유로운 배치를 했고 위계가 없다고 이야기한다. 그러나 내가 본 소수서원은 신분의 높고 낮음과 나이의 많고 적음이 엄존하는 교육의 공간에서도 위계를 뚜렷이 드러내기보다는, 서로에 대한 배려와 존경과 애정이 적당한 위치와 드러나지 않는 은근한 위계를 통해 존재할 수 있다는 것을 보여주는, 아주 인간적이며 따뜻한 공간이었다. 아마도 그 안에서 만나는 모든 존재는 행복한 마음으로 서로를 존중했을 것이다.

반듯하고 삼가는
집

병산서원과 도산서원

선비처럼 반듯하고 엄격하다

어느 날 누가 "안동에 있는 서원을 같이 둘러보자"고 해서, 차 뒷자리에 앉아 점심도 얻어먹으며 실로 편안하게 하루 여행을 다녀왔다. 밥 중에 제일 맛있는 밥은 '남이 해주는 밥'이고, 답사도 남이 주관해주고 운전해주는 답사가 제일 재미있다. 여행을 다니건 회사에서 일을 하건 중요한 일과 중 하나가 점심을 먹는 일인데, 점심點心이란 본래 배고픔을 요기하며 마음心에 점點을 찍는다는 뜻으로, 사실 역사적으로 우리가 점심을 먹기 시작한 것은 고려 말부터였다고 한다.

하루에 두 끼를 먹던 것이 농사 기술의 발달과 그 밖의 생활 여건이 좋아지면서 세 끼로 늘어났고, 배부르고 경제적으로 풍요로워지자 사람들은 자연스럽게 자식들의 공부에 신경을 쓰게 되었다. 여러 형태의 교육기관을 통해 이른바 사대부 계층이 생겨나 세력을 키우게 되고, 급기야 그들은 새로운 나라, 조선의 건국을 뒷받침하게 된다.

서원은 조선시대의 사설 교육기관으로서 교육의 기능뿐만 아니라 선현에 대한 제사의 기능도 수행하던 곳이었다. 그중 퇴계 이황을 배향한 도산서원陶山書院과 서애西厓 유성룡柳成龍, 1542~1607을 모신 병산서원屛山書院은 여러 가지 측면에서 비교해볼 만한 재미가 있다.

누구나 한국 건축의 백미로 꼽는 아름다운 서원이 병산서원이다. 안동에서 하회마을 쪽으로 들어가다 꺾어지는 좁은 길을 털털거리며 들어가다 보면, 강을 마주하며 운치 있게 자리 잡고 앉아 있는 병산서원이 멋지게 등장한다.

병산서원은 유성룡의 제자 우복愚伏 정경세鄭經世, 1563~1633가 지은 곳으로, 풍광이 아름답고 개개의 건물과 전체의 구성, 주변에 대한 해석과 적절한 배치가 뛰어나 아주 각광받는 전통 건축물이다. 심지어 입교당 마루에서 본 만대루의 7폭 병풍 안에 가두어진 병산과 낙동강의 경관은 수많은 건축가가 닮고자 하는 모습으로 회자된다. 나는 그

● ○ 병산서원 만대루의 7폭 병풍 안에 가두어진 병산과 낙동강의 경관은 수많은 건축가가 닮고자 하는 모습이다.

유기적인 기능 구성이나 용의주도한 공간 처리 수법에 감탄하면서도, 자연을 가둔 채 주변을 누르고 버티고 앉아 바깥을 내려다보는 모습에 대해서는 평소에 비판적으로 이야기했다. 그래서인지 맹추위 속 해질녘에 찾아간 병산서원은 냉랭한 얼굴로 우리를 맞이했다.

　병산서원에 들어갈 때 처음 만나는 곳은 복례문이다. 병산서원을 지은 정경세가 당대의 예학의 대가였으니, 당연히 예로 돌아가는 문을 통과하게 되어 있는 것이리라. 인간은 사회적인 존재이고, 사회에는 질서가 있어야 한다. 그 질서가 곧 '예禮'다. 공자는 인간의 최고의 덕인 '인仁'을 '자기를 이겨서 예로 돌아오는 것克己復禮'이라고 했다.

정경세는 관직으로 바쁜 유성룡의 몇 안 되는 제자였다. 유성룡은 영의정까지 오르며 늘 정계의 중심에 머물러 있었으니 제자를 키울 시간이 없었을 것이다. 그가 상주에 잠시 부임했을 때 그 동네에서 수재로 꼽히는 정경세를 만나 제자로 삼았고, 정경세는 그 인연으로 사제의 연을 맺은 스승에게 충성했을 것이다. 옳고 그름, 앞과 뒤, 많고 적음을 반듯하게 가리는 '예'는 위계가 철저한 병산서원의 건축적 개념이라고 할 수 있다. 병산서원은 의관을 단정히 정제한 선비처럼 반듯하고 엄격하다.

정치적으로 남인이었던 정경세는 서인이자 또 다른 '예학의 일인자'인 김장생과 더불어 한 시절을 풍미했다. 재미있는 일화가 하나 있는데, 정경세가 둘째 딸의 배필을 찾다가 김장생에게 당신의 문하에서 쓸 만한 자가 있느냐고 물었다. 김장생은 저쪽 방에 가면 세 학생이 있으니 그중에서 골라보라고 했고, 그들은 바로 이후에 큰 학자와 정치가로 이름을 남긴 송시열, 송준길宋浚吉, 1606~1672, 이유태李惟泰, 1607~1684였다.

정경세가 가보니, 셋 중에 이유태는 버선발로 뛰어나와 절을 했고, 송시열은 그냥 한 번 쓱 보고 모른 척하고 읽던 책으로 눈길을 돌렸고, 송준길은 옷매무새를 고치며 간단히 인사를 했다. 그래서 정경세는 중간 수준의 예의를 지킨 송준길을 '간택'했다. 이후 송준길은 정계에 입문해 원만하게 정무를 수행하면서 서인과 남인 사이를 오가며 소통을 할 수 있었고, 특히 송시열을 끌어주기도 하고 말리기도 하는 역할을 했다고 한다.

몸과 마음을 삼가다

도산서원은 이황이 57세 되던 해에 짓기 시작해 60세에 완성했다는 도산서당 일원에서 시작한다. 도산서당은 이황이 공부하는 공간과 제자를 가르치는 공간, 그 사이에 수많은 책을 쌓아놓은 서가 공간과 부엌 공간으로 이루어진 4.5칸이라는 모호한 크기의 집이며, 옥골선풍玉骨仙風(살빛이 희고 고결해 신선과 같은 풍채)의 아주 단정하고 고귀한 풍모의 집이다. 또한 예전 1000원권 지폐에 새겨져 있던 한국 건축의 고전이다.

나는 늘 그 1000원권을 가지고 다니며 사람들에게 건축을 이야기할 때, 특히 집을 이야기할 때 꺼내서 보여준다. 그리고 "집이란……"
하면서 정신의 가치와 검소하고 경건한 건축의 가치에 대해 이야기한
다. 이를테면 나에게는 모델하우스 역할을 해주는 고마운 집이다.

이황은 '거경궁리居敬窮理'에 충실하고자 했는데, 그것은 항상 몸과
마음을 삼가며 바르게 가지는 일이며, 사물의 이치를 탐구하여 바른
지식을 얻는 일을 뜻한다. 즉, 그는 진리에 이르기 위해 늘 겸손하고
삼가는 자세로 임하는 성실성을 가장 높은 덕목으로 삼았다.

그래서인지 이황이 만들어놓은 공간은 작지만 겸손하고 조용하며
경건하다. 도산서당과 제자들의 기숙소寄宿所인 농운정사隴雲精舍와
역락서재亦樂書齋의 배치는 서로 밀접한 관계를 가지면서도 크게 간섭
하지 않는다. 특히 도산서당과 농운정사는 비슷한 높이의 능선에 올
라타고 있으면서도 앞뒤로 벌어져 있어, 거리와 위치는 가까우면서도
시선상으로는 각자 어느 정도 독립성을 가지고 있다. 그럼으로써 공
간들끼리 지나치게 억누르지 않고 조곤조곤 이야기한다는 느낌을 받
게 된다.

그렇게 여느 서원 건축과는 다른 자유로운 공간적 융통성이 드러
나는 도산서원은 당시 스승과 제자 간의 관계를 상징하는 것 같다. 아
마도 이황의 학문에 대한 자세와 제자를 대하는 방식이 반영된, 이황
이 추구한 경의 실체가 아닌가 싶다. "마음이 밝은 것을 경이라고 하

고, 밖으로 과단성이 있는 것을 의라고 한다內明者敬 外斷者義."

이황이 70세가 되는 해 12월에 세상을 떠나자, 그의 제자들은 숙의를 거듭한 끝에 도산서당 근처에 스승의 영혼을 모시는 사당과 스승의 유지를 이을 서원을 건립하기로 한다. 그때 책임을 맡은 사람이 이황의 맏제자인 월천月川 조목趙穆, 1524~1606이다.

이황은 1501년생이고 조목은 1524년생이니 이황과는 20여 년의 나이 차이가 있었다. 조목은 이후 이황의 좌측, 수제자 자리를 놓고 여러 제자가 견주었던 학봉鶴峯 김성일金誠一, 1538~1593과 유성룡보다도

●○ 도산서원은 정신의 가치와 검소하고 경건한 건축의 가치를 보여주는 작지만 큰 공간이다. 이황의 도산서당.

훨씬 연장자였다. 김성일과 유성룡은 각각 1538년생, 1542년생이었으므로 그들은 조목에게 깍듯하게 선배 대접을 했다. 그는 평생을 스승의 곁에 머물었기에 누구보다도 이황에 대해서 많은 애증이 있었을 것이고, 도산서원을 설계하면서도 스승의 사상을 담기 위해 궁리했을 것이다. 삼가하고 삼가하며 진리를 깨닫고자 했던, 내면에 충실하고자 했던 경에 입각한 건축. 조목은 그런 스승의 생각을 옮겨놓기 위해 내면적으로는 엄격하나 겉으로 드러남에서는 실질적이며 겸손한 태도를 건축에 불어넣었다.

도산서원은 앞에서 바라보면 그저 산 아래 좌우로 펼쳐진 건물들의 집합으로만 보인다. 그러나 안으로 들어서면 산의 능선을 타고 층층이 배열해놓은 깊은 공간이 느껴진다. 서원의 기본을 이루는 강학 공간과 부속 공간들, 스승의 위패를 모시는 사당 공간 등이 일정한 규칙을 가지고 담으로 공간의 구획은 지어져 있지만, 칼로 무를 썰듯이 금을 그어놓은 것이 아니라 슬쩍슬쩍 걸치고 있는 것이다. 그래서 전교당 마루에 앉으면 호쾌한 경관보다는 아늑한 느낌이 먼저 들고, 스승과 제자 사이의 인간적인 두런거림이 들린다.

　조목 또한 후학을 양성하기 위해 '월천서당月川書堂'을 지었다. 기록
에는 이 서당이 1539년에 지어졌다고 하는데, 조목이 1524년생이니
그러면 15세 때 서당을 지었다는 것이므로 신빙성이 떨어지는 대목이
다. 또 다른 기록에서는 조목이 15세 때 이황의 제자로 들어갔다고 하
니 무엇이 진실인지 알 수 없다.

　월천서당은 조목이 스승을 위해 지은 도산서원의 건축 문법과는
다소 차이가 있다. 손바닥만 한 동네에 땅을 오목하게 그러모아 집을
높게 앉혀서 제법 위압적이기는 한데 그렇다고 겁을 주지는 않는다.
껑충한 대문이 허리에 담을 끼고 서 있고, 그 안에는 건물 한 채가 서
있고, 그게 전부다. 건물의 한편에 스승 이황이 훤칠하게 써서주었다
는 '월천서당'이라는 현판이 큼지막하게 붙어 있다. 조목은 벼슬에 관
심이 없어서 봉화 현감을 끝으로 학문에만 열중했다고 하는데, 정치적
으로 북인에 속해 있어서 광해군의 몰락과 더불어 학맥이 끊어졌다.

　월천서당 앞에는 수령이 '450년'이라고 써붙어 있는 은행나무가 있
다. 참 오래되었다고 감탄하면서 그 나무를 올려다보고 있었더니, 그
앞에 앉아서 묵묵히 무언가를 모아서 묶고 있던 동네 할아버지가 "그
게 말이야. 저 나무가 450년을 산 것이 아니라 그 자식으로 이어져서

●○ 산의 능선을 타고 층층이 배열해놓은 깊은 공간이 느껴지는 도산서원은 내면에 충실하고자 했던 경에 입각한 집이라고 할 수 있다.

450년이야" 하면서 쥐어박았다. 사람의 인연은 끊어졌어도 나무는 이어졌구나 하는 깨달음을 얻었다.

　본래 교육이란 인간의 가치를 높이고자 하는 행위나 과정을 뜻하는데, 『맹자』의 '천하의 영재를 모아 교육하다 得天下英才而教育之'라는 글에서 비롯되었다고 한다. 그런데 지금 우리에게 교육이란 그런 배움을 얻고 인간으로서 완성되어가는 과정이라기보다는, 오로지 시험문제를 빨리, 잘 풀기 위한 기술을 연마하는 일이 되어버렸다.

교육의 공간이 갖춰야 할 조건은 무엇일지 다시 생각하며, 서원 건축에 담긴 땅과 사람, 땅과 건물, 건물과 건물 사이의 소통 방식을 되돌아본다. 어떤 경우에는 어른과 아이처럼 엄격하고 규범적이고, 어떤 경우에는 위아래는 있지만 서로 귀를 기울여주고 각자의 의사를 존중해준다. 병산서원이 전자의 방식이라면 도산서원은 바로 후자의 방식이다. 공간들은 각자 엄격한 자기의 역할이 있고 입장이 있지만 서로 적당한 거리를 두되, 격리된 채 따로 노는 것이 아니라 귀를 기울여주고 지긋이 바라봐준다.

밖에서는 높고 아득한 느낌이 들다가 안으로 들어가면 한눈에 들어오도록 모든 공간이 단정하게 도열해 있는 '예'의 건축 병산서원과, 무척 깊게 들어가면서도 밖에서 볼 때 그런 위압감이 느껴지지 않는 '경'의 건축 도산서원. 예로 만든 공간은 일방향의 소통 구조를 가지고 있고, 경의 공간은 쌍방향의 소통 구조를 가지고 있어 수용자의 자세에 반응을 하는 열린 구성을 보여준다. '경'은 내부를 지향하고, '예'는 외부를 지향한다. '예'와 '경'은 서원 건축이 던져주는 복잡한 함수를 풀기 위한 두 개의 단서이자, 교육 공간이 근본적으로 지니고 지켜야 할 가치이기도 하다.

유쾌하고 인간적인
집

도동서원

▲ 철학자가 나라를 다스리는 이상적인 국가

어릴 때 단지 권장 도서라 하여 의무감으로 플라톤의 『국가』를 읽었던 적이 있다. 대부분의 고전이 그렇듯이 재미도 없었고, 내가 보기에는 하나마나한 이야기로 가득 찬 책이어서 턱뼈가 빠져라 하품하면서 그래도 끝까지 다 읽느라 고생했던 기억이 난다. 그래도 그 와중에 딱 하나 건진 구절이 있었는데, 정확히는 기억나지 않지만 내용은 대충 "군인과 상인이 나라를 다스리면 안 된다"고 했던 문장이다.

당시는 내가 태어난 해부터 시작해서 줄곧 군인이 나라를 다스리던 시절이었고, 사람들이 독재 타도를 외치기 시작하던 시절이었으므로 시기적으로 아주 민감한 발언이었다. 그런 이야기를 함부로 하면 큰일이 벌어지는 엄혹한 시절이었던 당시의 분위기로 보자면 엄연히 '불온서적'이었다. 반체제 인사나 할 만한 말을 철학의 아버지라 일컫는 플라톤이 수천 년 전에 천연덕스럽게 말했다는 내용이 전 세계의 누구나 고전 중의 고전으로 손꼽는 권장 도서에 실려 있었으니 기분이 참 묘했다.

그 후로도 우리나라에서는 군인들이 한참 더 군림했고 군인이 떠나고 얼마 지나지 않아 상인이 다스렸다. "그래서 나라가 가난을 벗어나고 이 정도가 된 거야"라고 이야기하는 사람들이 가끔 있는데, 나는 그런 사람들을 볼 때마다 플라톤과 토론을 한 번 붙여보고 싶어지기도 한다. 말하자면 우리나라는 안티-플라톤의 선봉에 섰던 나라가 아니었나, 그런 실없는 생각을 해본다.

플라톤은 『국가』에서 '철인정치哲人政治'를 이야기한다. 훈련된 철인이 나라를 다스리는 이상을 꿈꾸다니 그게 되는 일인가? 말이 되는가? 그렇게 생각하면서 실소를 흘리다 가만히 생각해보니 그런 나라가 있기는 있었다. 혹시 아는가? 그 나라는 바로 머지않은 과거의 우리나라 조선이었다는 사실을.

● ○ 도동서원의 환주문은 주인을 부르는 문이라는 뜻인데, 가느다랗고 삐죽한 계단의 정점에 뾰족한 침처럼 얹혀 있다.

왜 그렇게 우리를 가르쳤는지 지금도 이해가 가지 않는다. 우리는 조선이 당파 싸움으로 망한 나라이고, 문화는 서민 문화이다 보니 질

박하기는 하지만 신라시대나 고려시대의 화려함이 없어졌다고 배웠다. 안으로 문을 걸어 잠그는 통에 시대에 뒤지고 그래서 결국은 처참하게 몰락한 나라라고. 도대체 교육의 목표가 무엇이고 역사를 보는 관점이 어떤 지점인지 알 수 없는 이상한 교육을 받았고, 그런 관점에서 선정적인 스토리텔링으로 조선 사회를 그린 우울한 사극으로만 조선을 바라보았다. 그런 눈으로 본다면 조선이 금세 망하지 않고 500년을 버틴 것은 참 이상하기도 한 일이다.

그러나 사실을 이야기하자면 조선은 그런 나라가 아니다. 철학 그것도 아주 추상적인 성리학이 종교처럼 나라를 온통 뒤덮고 있던 나라였다. 세상에는 종교라는 혹은 공포라는 아주 편리한 통치 수단이 있다. 그런 '전가의 보도'는 원시시대부터 인터넷으로 세상이 온통 묶여 있는 지금까지 유용하게 사용되고 있다. 그러나 철학으로 뒤덮였던 나라는 아마 조선 이외에는 없었지 않을까 싶다. 일본은 왕이 군림했으나 군인이나 무사들이 나라를 다스렸고, 중국은 정치인들이 나라를 다스렸다. 그러나 조선은 그렇지 않았다. 조선은 철학자들이 500년 동안 나라를 다스렸다.

성리학적인 이상세계를 꿈꾸다

고려 말에 새로 들어온 성리학을 학문적 배경으로 한 사대부가 과거를 통해 중앙 정계로 진출하지만 기득권 세력인 권문세족과 대립하게 된다. 온도가 높아지면 결국 끓어넘치듯이 그들은 새로운 세력인 이성계李成桂, 1335~1408와 연결되어 조선 왕조 건설의 중심 세력이 되었다. 그들은 재야에서 학문을 수련하다가 정치권에 들어가서는 맹렬히 활동하고 물러나면 다시 철학자로 돌아온다. 이후 그들이 조선이 멸망할 때까지 권력을 잡고 조선을 지배한다. 이것이야말로 플라톤이 말하는 철인정치가 아니었는가? 그들은 성리학적인 이상세계를 꿈꾸었고 실현하기 위해 맹렬히 노력했다.

사람의 권력은 학문에서 나오고 구체적인 공간은 '서원'이라는 공간에서 비롯된다. 서원은 사림의 존재 기반이었다. 재야의 학자들이 학문을 닦고 제자들을 길렀던 서원은 초기에는 선현에게 제사를 지내고 인재를 양성하던 곳이자 지역의 기초 질서를 유지하는 근간이 되는 역할을 했다.

서원은 명종 이전에 설립된 것이 29개였던 반면, 통계마다 차이가 있기는 하지만 당쟁이 심했던 숙종 때만 300여 개소가 설립되었고, 조선 말기로 가면 1,000여 개에 이르렀다고 한다. 가뜩이나 사림으로 인해 왕권이 서지 않는데다 국고가 감소되고 경제적 기반마저 흔들리게 되는 심각한 문제의 원인을 서원이 제공한 셈이다.

조선이 당파 싸움으로 망했다는 주장은 넓게 보면 단순히 계파 간 정쟁으로 인한 혼란이라기보다는 이렇게 변질된 사림과 서원의 특권이 그 한계치를 넘어선 데서 비롯되었다고 할 수 있다. 게다가 송시열

●○ 도동서원의 강학 공간인 중정당은 좌우 대칭의 공간으로 한 치의 빈틈도 없이 질서 정연하다.

의 원향院享이 만동묘萬東廟를 비롯해 35곳이나 되는 등 중복해서 지어지는 서원이 많았다. 그래서 영조 때 200여 개소의 서원을 정비한 것을 시작으로 조선의 왕들은 호시탐탐 서원을 정비할 기회를 노렸는데, 고종 때는 흥선대원군이 아예 47개소의 대표적인 서원만을 남기고 모조리 문을 닫아버린다.

대표적인 서원이란 결국 뛰어난 학자를 모시고 모범이 되었던 곳을 말한다. 조선의 학자 중 가장 높은 곳에 오른 이들은 일두一蠹 정여창鄭汝昌, 1450~1504, 한훤당寒暄堂 김굉필金宏弼, 1454~1504, 정암靜菴 조광조, 회재晦齋 이언적李彦迪, 1491~1553, 퇴계 이황 등인데, 이들은 동국오현東國五賢이라 불리며 사림에 의해 문묘文廟에 종사從事되었다. 소수서원(안향)을 비롯해 5대 서원으로 손꼽히는 도산서원(이황), 도동서원(김굉필), 옥산서원(이언적), 병산서원(유성룡) 등이 모두 그런 걸출한 학자들을 기리기 위해 세워진 곳들이다.

5대 서원을 비롯해 남계서원(정여창), 필암서원(김인후), 무성서원(최치원), 돈암서원(김장생) 등 아홉 개의 서원은 그 보편적 가치를 인정받아 2019년 유네스코 세계문화유산으로 지정되기도 했다. 그렇다면 그런 서원들은 누가 세웠을까? 주로 그들의 뜻을 계승한 제자들이 바로 서원의 건축가였다.

조선 중기에 정구鄭逑, 1543~1620라는 학자가 있었다. 중종 때 성주에서 태어났고 호는 한강寒岡이다. 그는 5세 때 이미 신동이었고 10세때 『대학』을 이해했다는데, 그런 일반적인 천재의 행보보다 우리를 더욱 놀라게 하는 것은 그의 대단한 학문적 배경이다.

정구는 당시 사림의 세 기둥이라고 할 수 있는 학자인 퇴계 이황과 남명 조식, 대곡大谷 성운成運, 1497~1579에게서 배웠다고 한다. 그는 당대의 문장가였으며 글씨도 아주 뛰어났다. 또한 경학을 비롯해서 병법과 산수, 심지어 풍수까지 정통했다고 하는데, 특히 그를 빛나게 해주는 것은 예학에 아주 밝았다는 것이다.

예학은 예론을 공부하는 것을 가리킨다. 네 차례의 사화를 거치는 동안 사회와 정치의 중심으로 들어간 사림은 성리학의 궁극적인 목표인 사회정의를 위해 질서와 위계를 세우는 학문적인 접근 방법인 예론을 구체화시키고 발전시킨다. 그 결과 김장생의 『가례집람家禮輯覽』과 정구의 『오선생예설분류五先生禮說分類』 등 수준 높은 예서가 많이 저술되었다. 정구의 예론은 남인과 북인에게 많은 영향을 미친다. 또한 그는 동국오현의 제일 앞자리에 있는 김굉필의 외증손이었다. 그런 인연에서였겠지만 그는 도동서원을 건축한 사람이라고 하고, 이황의 도산서당의 초가지붕을 기와로 바꿔 올려주었다고도 전해진다.

도동서원道東書院은 "성리학의 도가 동쪽으로 건너왔다"는 대단히 자신에 찬 이름을 가진 곳이다. 대구를 지나고 현풍을 지나 도동서원 쪽으로 가노라면 강을 따라가다 고개로 접어들고 금세 정상에 다다르게 된다. 그곳에는 다람쥐를 닮은 등성이라는 뜻의 다람재라는 팻말이 서 있다.

그리 많이 오르지 않았건만 앞으로 펼쳐진 풍경은 호쾌한 장관이다. 낙동강이 가운데로 굼실거리며 크게 흐르고, 왼쪽으로는 도동서원이 살포시 앉아 있다. 건너편에는 정말 다람쥐같이 생긴 언덕이 도동서원을 향해 다소곳하게 조아리고 있다.

앉음새나 입지의 구성이 훌륭해서, 만든 이의 땅을 읽는 능력이나 건물의 구성에 대한 능력이 굉장하다고 생각하며 아래로 내려가면, 강 앞으로 넓은 평지가 나오고 그 앞에는 오래된 은행나무가 있다. 그 나무는 '김굉필나무'라고 하는데, 정구가 이곳에 도동서원을 짓고 1607년(선조 40)에 사액서원이 된 기념으로 심어놓은 것이라고 하니 400년을 넘긴 나무다.

도동서원은 특이하게도 북향이다. 실질적인 효용보다는 경관과 명분을 택한 결정이다. 사실 이런 입지에서 누구나 많은 갈등을 했고 절충하는 지혜를 구했을 텐데 조금의 망설임도 없다. 이곳은 일상의 공

●○ 중정당 마루에 올라 밖으로 눈길을 옮기면, 발아래로 낙동강과 머리를 조아리고 있는 산들이 보인다(위). 정연한 도동서원의 축대 한쪽에 유쾌하게 조각된 다람쥐와 꽃 장식(아래).

간이 아니라 정신의 공간이며 예의 공간이라는 결연함을 보여주는 듯하다.

그런 결연함은 서원으로 오르며 계속해서 느껴진다. 나중에 새로 만들어져서 전체와 어울리지 않는 '옥의 티'라는 수월루를 지나 본격적으로 안으로 들어가면 좁고 가파른 계단이 나온다. 그 계단 끝에는 좁고 낮은 문이 하나 있어서 고개를 숙이고 들어가도록 이끈다. 환주문은 주인을 부르는 문이라는 뜻인데, 가느다랗고 삐죽한 계단의 정점에 뾰족한 침처럼 얹혀 있다. 문 안으로는 도동서원의 강학 공간인 중정당이 보이고, 그 안에 현판들이 여러 겹을 이루며 강력하게 시선을 유인한다.

이후부터는 아주 정연한 좌우 대칭의 공간이 연속적으로 나오는데, 한 치의 빈틈도 없이 질서 정연하다. 당대의 예학자 정구의 꼿꼿한 자세를 보는 것만 같다. 중정당 마루에 올라 밖으로 눈길을 옮기면, 발아래로 낙동강과 가까이서 혹은 멀리서 머리를 조아리고 있는 산들이 보인다. 이 경관을 위해서라면 모든 것을 덮을 수도 있다는 생각을 한 것 같다.

전체를 보고 가까이서 찬찬히 보면 그 엄정함을 상쇄하는 아주 느슨하고 익살맞은 세부가 보이기 시작한다. 조각천을 기워 만든 듯한 돌 기단, 그 기단에 장식된 올라가고 내려가는 다람쥐를 비롯한 섬세한 돌 장식, 문화재로 지정될 정도로 아름다운 담장······.

일찍이 이황은 정구에 대해 "이 사람은 후대에 견줄 사람이 없을 것이다. 다만 부화하고 경솔한 하자가 있을까 우려될 뿐이다"고 일렀다고 한다. 정구가 평생 그 말씀을 명심했으나 제대로 고쳐지지 않은 것은 타고난 천성이 그래서였다고 말했다는데, 도동서원을 떠올리며 우리는 예학에 의거해 반듯하게 지은 저 정연한 도동서원의 축대 한쪽에 유쾌하게 조각된 다람쥐가 상징하듯, 정구가 당대의 예학자이면서도 따뜻하고 유쾌한 감성을 잃지 않은 철학자였다는 것을 알 수 있다. 또한 그런 정구의 모습에서 조선시대를 관통했던 철학자들의 엄격하면서도 인간적인 면모를 엿볼 수 있다.

제3장

조화를 이루다

#남간정사 #소쇄원과 식영정 #종묘 #경복궁

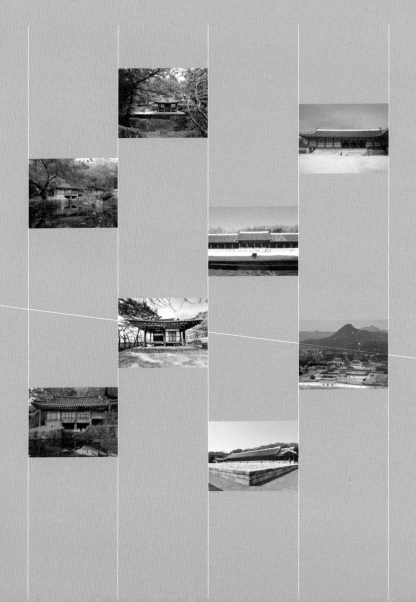

물 위에 앉은
집

남간정사

고집스럽고 타협을 모르는 정치가

보통 '누마루'라 함은 사람의 코처럼 집의 가장 앞쪽에 툭 튀어나와 있으며, 그리하여 경관을 바짝 끌어당겨 놓고 보는 곳이다. 그런데 누마루를 집 안에 숨겨놓고 있으면서도 주변의 모든 경관을 빨아들이는 묘한 곳이 있다.

봄에는 흐드러진 벚꽃이 피고 지며 연못을 분홍색으로 물들이고, 녹아 흐르는 녹색이 물을 가득 채우다가 여름이 지나며, 백일홍으로 붉게 물들이는 장관을 앞으로 나가지 않고도 한 걸음 뒤로 물러앉은 채 모조리 자신의 창문으로 담는 곳이다.

작고 소박한 듯하면서도 자연의 온갖 아름다움을 세세히 담아낸 곳, 그곳은 믿기 어렵게도 조선 후기 학자인 우암 송시열의 집, 남간정사다. 남간정사는 그가 죽기 몇 년 전인 76세의 나이에 평생의 학문을 정리해서 지어놓은 집이다.

요즘 식으로 말하자면 극단적 보수주의자였던 송시열. 그는 『조선왕조실록』에 무려 3,000번이나 이름이 올라 있을 정도로 고집스럽고 치열하고 타협을 모르는 정치가였다. 송시열은 이이·김장생·김집으로 이어지는 적통을 잇는 기호학파의 적자였으며, 조선의 후반부를 지배했던 서인의 태두였다. 아울러 그는 나중에 효종이 되는 봉림대군의 스승이었으며, 효종의 북벌을 지지하는 든든한 배경이 되기도 했다.

그는 전란 이후 혼란스러워진 사회와 지배세력이 맞은 현실을 오랑캐에게 밀려 왜소해진 남송시대와 동일하다고 인식했다. 당시의 송나라를 바로잡으려고 노력했던 주자의 생각을 빌려 조선 또한 바로잡으려고 노력했다. 정적에게 무척 가혹했고 타협을 몰랐던 그의 태도는 그런 인식에서 비롯된 것이다.

예를 들어 효종의 사후 효종의 계모가 되는 자의대비(장렬왕후)가 상복을 몇 년 입느냐로 벌어진 남인의 거두 허목許穆. 1595~1682과의

'예송논쟁'이 대표적이다. 지금의 기준으로는 그게 1년이든 3년이든 왜 논란거리가 되는지 이해할 수 없는 문제지만, 당시 송시열을 태두로 한 서인들이 효종이 인조의 둘째 아들이므로 장자의 예로 할 수 없고 기년(만 1년)으로 하자고 주장했던 것은 왕권에 대한 일종의 견제였다. 효종이 왕위를 계승했기 때문에 장자나 다름없으므로 3년(만 2년)으로 해야 한다는 논리를 폈던 남인의 주장은 받아들여지지 않았다.

●○ 송시열이 평생의 학문을 정리해서 지어놓은 남간정사는 작고 소박한 듯하면서도 자연의 온갖 아름다움을 세세히 담아낸 집이다.

ⓒ 박영채

또한 송시열이 자신의 제자인 윤증尹拯, 1629~1714과 벌였던 '회니시비懷尼是非'는 서인이 노론과 소론으로 분열되는 계기가 된다. 1669년 병자호란 때 강화성을 지켰던 윤선거尹宣擧, 1610~1669가 죽자 아들인 윤증은 스승이며 아버지의 친구였던 송시열에게 묘갈명墓碣銘(묘비에 새기는 고인의 행적과 인품에 대한 글)을 부탁했다. 그때 송시열이 윤휴尹鑴, 1617~1680라는 학자에 대해 다른 의견을 갖고 있던 윤선거에 대한 반감으로 무성의한 내용을 적어 보냈고, 윤증과 송시열은 서로 등을 돌리게 된다. 송시열은 늘 싸움에서 이겼고, 사회는 그가 원하던 방식 대로 질서를 유지하며 흘러가게 된다.

그에 대한 역사의 평가는 사뭇 엇갈린다. 역사평론가 이덕일은 "송시열은 사대부 계급의 이익과 노론의 당익黨益을 지키는 데 목숨을 걸었다. 결국 그의 당인 노론은 조선이 망할 때까지 정권을 잡았다. 그러나 이는 백성들의 나라가 아니라 그들의 나라에 불과하다"고 평가했다.[5] 송시열이 시대의 변화와 더불어 폐기되어야 하는 양반 사대부, 즉 그 당시 기득권자들의 권익의 수호자일 뿐이었다는 주장이다. 한편 반대편에서는 급속히 무너져가는 사회질서를 다시 일으키고자 노력 했던 진정한 정치인이었으며, 그로 인해 조선 사회가 어느 정도 질서 를 유지했다고 주장한다.

그가 옳았는지 틀렸는지는 모르겠지만 평생을 끊임없이 싸우다가 결국 패하게 된 송시열은 여든이 넘은 나이에 사약을 받고 죽었다. 그는 장희빈張禧嬪, ?~1701이 낳은 원자의 세자 책봉 문제로 생긴 숙종과의 갈등 끝에 유배되었고, 1689년에 제주도에서 국문을 받으러 올라오는 길에 '국문을 할 필요도 없다' 하여 전라도 정읍에서 사약을 받고 83세에 생을 마쳤다.

만화경 같은 세상의 풍경

서인의 거두, 비타협적인 보수파, 제자들을 오로지 '바를 직直'자 하나로 가르쳤던 송시열이 말년에 만든 집. 그 집이 바로 남간정사다. 대전시 가양동의 우암사적공원 초입, 담으로 둘러쳐진 작은 영역에 남간정사가 있다. 1683년에 세워진 남간정사는 집이라기보다는 제자나 유림들과 함께 강론을 펼쳤던 일종의 별서別墅다. 원래 정사精舍는 산스크리트어 '비하라Vihara'에서 온 말이다. 석가모니가 머물던 곳으로 비를 피할 정도의 움막과 뜰이 있는 곳이었다 하는데, 고려 말 이후 주자학이 널리 퍼지며 곳곳에 세워졌다고 한다. 공적인 기능이 강한 서당이나 서원과 달리 사적인 성격이 강하다.

당시 송시열은 지금의 대전시 소제동에 살았는데, 후학을 가르치기 위해 집에서 멀지 않은 야산 기슭에 이 집을 짓는다. 남간정사라는 이름은 그가 평생을 큰 스승으로 삼았던, 남송시대의 큰 학자 주자가 지은 시 중에 「운곡남간雲谷南澗」, 즉 '볕 바른 곳에 졸졸 흐르는 개울'이란 말에서 따온 것이다. 그 이름처럼 집 아래로 작은 샘물이 졸졸 흘러 그 아래 큰 연못으로 모여든다.

조선의 학자들은 스스로 설계를 하여 집을 여러 채 지어서 남겨놓았다. 대표적인 사람으로 회재 이언적, 퇴계 이황, 남명 조식을 들 수 있다. 그들이 평생을 통해 지은 집들은 우리나라 건축의 고전으로 길이 남을 만한 명작들이다. 회재가 만든 독락당과 향단, 퇴계의 도산서당, 남명의 뇌룡정과 산천재 등이 있다.

그들은 집을 단순히 햇빛을 가리고 이슬을 막는 '셸터shelter'가 아니라 하나의 철학적 투사물로 인식했던 것 같다. 그래서 그들이 남겨놓은 집들은 우리가 이해하기 힘든 그들의 정신을 직접 만날 수 있는 가장 쉬운 통로가 되어주기도 한다.

회재의 독락당은 그의 복잡한 정신과 학문을 드러내고, 퇴계는 말년에 자신의 사상을 정리하여 단순하고도 단순한 도산서당이라는 명품을 만들어 제자들을 키웠다. 비슷한 시기에 남명은 평생의 학문을 갈무리하며 자신과 흡사한 지리산의 초입에 아주 나지막하면서도 당당한 산천재를 만들어 남은 인생을 지리산처럼 살다 갔다. 송시열도

© 박영채

●○ 남간정사라는 이름은 주자의 시 중에 '볕 바른 곳에 졸졸 흐르는 개울'이란 말에서 따왔는데, 집 아래로 작은 샘물이 흘러 큰 연못으로 모여든다.

마찬가지로 평생을 통해 화양계당·암서재·팔괘정 등 많은 집을 지었는데, 마지막으로 지은 남간정사에 머물며 자신의 사상을 정리하여 제자들을 가르쳤다.

　남간정사에 가려면 문턱을 세 개 혹은 그 이상 넘어야 들어갈 수 있었다. 우암사적공원으로 들어가는 소슬대문이 달린 우람한 문과 그 옆으로 기국정과 남간정사 등 우암과 관련된 건물들을 모아놓은 영역으로 들어가는 또 다른 삼문, 그리고 연못 너머 남간정사에 들어가는 문을 거쳐야 했다.

첫 번째 문은 늘 열려 있다. 두 번째 문은 대부분 열려 있기는 하지만 간혹 무슨 이유인지 닫혀 있을 때도 있어, 그 울타리 주변을 뱅뱅 돌다가 관리사무실로 달려가서 열어달라고 사정을 하기도 했다. 마지막 남간정사로 들어가는 문은 늘 닫혀 있다.

물론 보존하고 후세에 물려주어야 하기에 닫아놓고 보존을 하는 것이겠지만, 거기까지 찾아가서 남간정사를 반 토막만 보고 오게 되면 무척 서운한 일이다. 그러다 간혹 운이 좋아서 문이 열려 있으면, 얼른 들어가서 앞뒤 가리지 않고 사진을 찍고 나온다. 원컨대 건물 안으로 들어가는 문까지 열리면 더욱 좋겠다만, 그것까지는 언감생심이라 여기저기 찍어대다가 마지막으로 창호지 틈으로 혹은 뚫린 구멍에 카메라 렌즈를 잠시 들이댄다.

그렇게 들여다본 안쪽, 남간정사 귀퉁이에는 반 칸 크기의 송시열이 몸을 뉘였던 방이 있다. 앞에는 누마루가 있고 옆으로는 학생들을 가르치던 대청마루가 있다. 송시열은 사계절의 화려하고 호사스런 풍경을 볼 수 있는 누마루를 앞에 두고 자신의 방을 아주 낮춰 잡아놓았다. 사실 저 좁아터진 방 앞에는, 옆에는, 뒤에는, 만화경 같은 풍경이 감춰져 있는 것이다.

좁지만 절대로 좁지 않고 세상을 다 얻은 것만 같은, 그리고 중심의 축을 한가운데 놓지 않고도 주변을 장악하는 송시열의 독특한 자리 잡음이 여기서 보인다. 그런 입지의 묘수는 스승 김장생의 집인 임리정과 나란히 놓은 팔괘정에서도 엿볼 수 있다.

자연과 집의 조화

10여 년 전, 금산에 작은 집을 하나 지으러 자주 오갈 때, 나는 꼭 돌아오는 길에 남간정사에 들렀다. 봄·여름·가을·겨울, 계절마다 다른 빛깔로 자연을 품는 그 집이 볼 때마다 새롭기 때문이다. 그의 일생을 돌이켜보면 송시열은 '내 스타일'이 아니라 그다지 수긍하고 싶지 않지만, 남간정사는 정말 명작의 반열에 올려놓고도 한참은 남을 집이다. 어찌 되었건 중심을 잃고 흔들리는 나라를 위해 헌신했고, 자신의 소신대로 누구와도 싸웠으며, 그 정신을 하나의 구체적인 조형물로 남겨놓은 점 하나는 대단한 존경을 표하게 한다.

남간정사는 무척 간단하고 단순한 집이다. 일자로 된 정면 4칸, 측면 2칸의 크지도 작지도 않은 집이다. 좌측에는 2칸짜리 온돌방이 있고 가운데는 4칸짜리 마루방, 오른쪽은 뒤편에 1칸짜리 온돌방을 두고 앞에는 기둥을 세워 1칸짜리 누마루를 들였다.

양쪽 방들은 축대 위에 세워졌고 대청은 두 개의 누각을 잇는 다리처럼 걸쳐 있다. 나무가 무성해지는 계절에 그곳에 가면 좌우로 한껏 가지를 뻗은 나무와 그 푸름을 비추는 연못이 먼저 눈에 들어온다. 이윽고 그 가운데를 바라보면 잿빛과 바랜 갈색의 건물이 얼핏 나타난다. 건물이 땅 위에 서 있는 것이 아니라 아래의 연못과 나무로 구성된 자연에 건물을 살짝 눌러서 새겨놓은 것 같다. 그래서 남간정사는 입체가 아니고 벽에 얕게 새겨놓은 부조와 같은 인상을 준다. 자연에 집을 넣되, 절대로 자연을 크게 파내지 않고 얇게 저며내고 그 위에 가볍게 그러나 절대로 가볍지 않게 앉힌 것이다. 자연에 입혀진 형식이 묘하다.

특이하게도 대청 밑으로 반 칸을 살포시 들어 집 뒤에서 나오는 맑은 샘물이 집 앞의 연못으로 흘러들어가도록 길을 비켜준다. 집을 지을 때 물을 끌어들이는 것은 그다지 새로운 일은 아니지만, 이 집이 물을 끌어들인 방식은 특이하며 직접적이다. 이 집은 물가에 세운 것이 아니라 물 위에 얹어놓았기 때문이다.

사실 남간정사 앞에 있는 연못의 물이 대청 아래의 물길을 통해서 채워지는 것은 아니다. 고봉산에서 흘러와 기국정과 남간정사 사이로 흐르는 계류가 주된 수원이며, 집 뒤편의 샘에서 솟아나와 대청 아래

●○ 남간정사는 물 위에 살짝 얹어놓았기 때문에 입체가 아니라 벽에 얕게 새겨놓은 부조와 같은 인상을 준다.

로 흐르는 물길은 그저 건축적인 장치일 뿐이다. 그러나 물 위로 떠 있는 대청 아래의 허공은 너무나 강렬해서 커다란 동굴 같은 인상을 주고, 연못의 물이 그 구멍을 통해 공급되는 것 같은 착각을 준다.

　결과적으로 대청 아래의 작은 물길을 통해 물과 나무로 이루어진 자연이 집이라는 인공물과 회통回通을 하게 되는 것이다. 그것은 '이理'와 '기氣'의 조화로운 회통이라는 송시열의 꿈을 보는 것과 같다.

주자학에서는 세계가 '이'와 '기'라는 두 가지의 질서 원리로 구성되어 있다고 보았다. '이'라는 것은 어떤 사람과 사물이 왜 그렇게 존재하며, 또 어떻게 해야만 하는지를 가리키는 것이라는 것이다. 또한 '기'라는 것은 세계(사물, 사람)의 현실적 모습이다. 그것은 비록 불완전하지만, 그 배후에는 그 불완전함을 규제하고 더 완성된 상태로 이끌어갈 수 있는 참모습(선한 바탕)이 있다고 했다.

송시열은 개념적으로는 '이'와 '기'가 나뉘지만, 존재의 측면에서 보면 결국 하나이며, 근원적인 측면에서는 '이'가 '기'보다 먼저지만 현상적인 측면에서는 '이'와 '기'의 선후가 없다고 생각했다. 그는 '이'와 '기'의 조화와 회통을 통해 세상의 안정된 모습을 찾게 된다고 생각했다.

통제하기 힘들고 근원적인 자연이라는 '기'와 통제 가능한 건물이라는 '이'가 한곳에 모여서 조화롭게 회통하는 모습, 송시열은 자신이 꿈꾸던 추상의 세계를 이곳, 남간정사를 통해 구현해놓고 있다. 본질과 현상이 누가 먼저랄 것도 없이 자연스럽게 회통하는 그곳에서 우리가 아는 원칙주의자이며 투쟁가인 송시열과는 다른 자연주의자 송시열을 만날 수 있다.

그림자가 쉬는 집

소쇄원과 식영정

/아름다운 풍경과 문학적 향기를 담다

전남 광주에서 담양 방향, 무등산 북쪽으로 가다 보면 광주댐이 나온다. 그 주변에 다다르면 솜을 푸짐하게 넣어 만든 비단 이불처럼 풍광이 부드럽고 푸근하고 아름다워지는 지점에서 군데군데 숨어 있는 보물들을 보게 된다. 경주의 들녘을 무심하게 거닐다가 툭툭 튀어나오는 보물들을 만나는 것처럼……. 명옥헌, 송강정, 면앙정, 취가정, 소쇄원, 환벽당 등 광주와 담양 일대에 박혀 있는 별서들은 한 군데도 그냥 스쳐갈 수 없는 아름다운 풍경과 건축과 거기에 더해 문학적인 향기가 짙게 배어 있는 곳들이다.

별서는 살림집과 그리 멀지 않은 곳에 지어놓은 작은 별채를 의미한다. 본가는 따로 있고, 손님을 맞기 위해 지어놓은 별장 개념의 집이라고 보면 된다. 본가와의 독립성이 강하지 않고, 그저 쉬는 장소만이 아니라 살림을 하는 곳이기도 하다. 농사를 짓거나 실질적인 생산 활동을 하는 곳이며, 책을 읽거나 창작을 하는 곳으로도 그 의미가 확장된다.

담양 근처의 별서들은 때로는 언덕 위에 한 채만 덩그러니 있는 경우도 있고, 담을 두르고 살림집처럼 여러 채의 집으로 구성된 경우도 있다. 모두 지은 사람의 취지와 성향에 따라 다양한 모습을 보여주고 있다. 그곳에서 '호남가단湖南歌壇'이라 불리는 일군의 독특한 문학인들이 나왔고, 조선 성리학의 한 봉우리가 우뚝 솟았고, 어려울 때 나라를 구하려고 했던 의병이 나왔다.

그중에서 '세속적'으로 가장 유명한 곳이 소쇄원瀟灑園이다. 소쇄원은 전남 광주와 담양 사이에 있는 우리나라의 대표적인 정원이다. 조선시대에 양산보梁山甫, 1503~1557라는 선비가 조광조 문하에서 글을 배우다가 사화로 인해 스승을 잃게 된다. 그는 정치적인 뜻을 거두고 고향으로 돌아와 평생에 걸쳐 별서 원림園林을 가꾸었다.

● ○ 소쇄원은 양산보가 일찌감치 정치의 뜻을 꺾고 고향으로 내려와 평생에 걸쳐 조성한 별서 원림이다. 소쇄원 광풍각.

소쇄원이 있는 곳은 무등산의 한 자락이면서 창평의 너른 들을 면하고 있어, 예부터 경제적으로 유복한 사람이 많이 살았다. 양산보도 그런 부류에 속했다. 그는 무등산을 앞에 두고 한 줄기 비단처럼 흘러 내리는 자미탄紫薇灘(무등산에서 시작되어 식영정과 환벽당 사이로 흐르던 옛 개울)을 바라보며, 깊지는 않으나 조금 들어가면 속세와 마냥 인연을 끊어버릴 듯 적막한 자리에 정원을 하나 만들고, 그 의도와 그 과정을 기록하면서 남겨놓았다.

소쇄원은 그 집안에서 대대로 잘 보존하며 지켜내려 왔는데, 건축가 김수근이 가보고 극찬을 하면서 일반인에게 본격적으로 알려지게 되었다. 그 영향으로 소쇄원은 1980년대 이후 병산서원과 더불어 한국의 전통 건축에 대해 이야기하고자 할 때 반드시 거론해야 하는 하나의 전범으로 높이 받들어지게 되었다.

소쇄원에 대해서는 세상에 너무나 많은 글이 있고 너무나 많은 분석이 있어서 따로 떼어 설명할 필요를 느끼지는 않는다. 당시에 어떤 조영造營에 대한 원칙을 세웠는지 어떤 의미의 조경을 했는지에 대한 자세한 기록은 글과 그림으로 남아 문중에 잘 보존되어 있다. 그를 통해 볼 때 나무 한 그루, 주춧돌 하나, 계곡에 바위 하나까지 일일이 치밀한 계산과 연출에 의한 것임을 쉽게 알 수 있다. 그런 의도가 어설프게 드러나지 않고 자연스럽게 기존의 자연과 조화를 이루며 만들어졌다는 것을 알면 더욱 놀라게 된다.

△ 시작과 끝의 존재적 순환

그런 이야기 말고도 나를 감동시킨 것은 배치의 오묘함과 그 다차원적이며 위상기하학적인 공간 연출에 있다. 소쇄원은 초입에 울창한 대나무 숲에서 시작한다. 그 숲에 들어서면 멀리 가운데를 가르고 지나가는 담이 보이는데, 담을 보며 따라 들어가면 왼쪽으로 펼쳐지는 소쇄원 계곡과 건물들이 보인다. 그리고 숲을 지나자마자 바로 왼편에 있는 나무로 된 다리가 있다.

　제주도에서 온 장인들이 조선시대에 쌓았다는 높지 않은 담이 소쇄원의 내부를 관통한다. 원래 담이라는 것은 내부와 외부의 경계를 가르는 것인데, 여기서 담은 무척 모호하지만 능동적으로 공간에 개입한다. 그 담을 외부로 돌든 내부로 돌든 결국 한곳에서 만나는데, 작은 계곡을 지나고 계단을 올라 만나게 되는, 소쇄원의 안채라 볼 수 있는 제월당에서다. 뫼비우스의 띠처럼 내부와 외부를 동시에 가지고 있는 담은, 일단 거기에서 한 번 끊어졌다가 다시 제월당 앞에서 달리기 시작한다.

　담을 따라 내려가면 그 너머로 소쇄원의 정점이라고 볼 수 있는 광풍각을 만나게 된다. 그 순환의 경로를 따라 다다른 지점은 광풍각의 좁은 마당이고, 그 마당 바로 아래로 깊지는 않지만 무척 드라마틱한 경관을 만들고 있는 계곡이 펼쳐진다. 거기서 조금 더 나가면 처음 들어올 때 입구에서 보았던 그 다리가 나오고, 원형 순환의 동선은 거기서 끝난다.

　고대 로마인들은 문에 앞뒤가 없다고 생각해 두 개의 얼굴을 가지고 있는 것으로 여겼다. 1월을 뜻하는 영어 January는 문을 상징하는 야누스Janus라는 로마신화 속의 인물에서 나왔다. 즉, 1월은 끝과 시작이 붙어 있다는 의미이며, 입구이면서 출구라는 것이다. 문이 과거이자 미래의 연속성을 뜻하듯 건축에서도, 우리의 삶에서도, 시작과 끝은 늘 반복되고 순환된다. 시작과 끝은 멀리 떨어져 있는 듯하지만,

●○ 조선시대에 쌓았다는 높지 않은 담은 소쇄원의 내부를 관통하는데, 무척 모호하지만 능동적으로 공간에 개입한다. 소쇄원 제월당.

사실 아주 가까운 곳에 있거나 혹은 하나일 수도 있다. 존재하는 모든 것은 순환한다.

내가 소쇄원을 처음 본 것은 사진가 임응식이 찍어놓은 사진을 통해서였다. 꼭 가봐야지 다짐을 하고 마침내 찾아간 것은 1980년대 말의 한겨울이었다. 얼마나 좋은 곳인지 보겠다는 마음에 무턱대고 소쇄원을 찾아갔다. 지금처럼 GPS망과 위성 정보가 세계 구석구석 쥐구멍까지 찾아주는 시절이 아니었기에, 광주터미널에서 내려 시내버스를 여러 번 갈아타며 가야 했다. 버스 기사에게 위치를 물어보자, 식영정息影亭은 알아도 소쇄원은 모르겠다고 아마도 근처일 것이라며 나를 식영정 앞에 내려주었다.

세상의 녹색은 모두 몸을 숨긴 겨울의 한가운데, 사위는 오래된 흑백 영화처럼 무채색이 질펀하게 뿌려져 있었다. 눈앞에는 너른 들녘과 마른 가지들이 부숭부숭 얹혀 있는 야트막한 동산이 수없이 이어지고 있었다. 사람은 하나 없었고 바람만 세차게 불고 있었다. 정신을 차리고 둘러보니 바로 앞에 조그만 안내판이 있었다. 그 안내판에 식영정은 송강松江 정철이 「성산별곡」을 지은 장소라고 쓰여 있었다.

정철은 고등학교 교과서에 나오는 「관동별곡」을 통해 알고 있었다. 또한 그 당시 텔레비전에서 방영되었던 일일연속극 중에 〈사미인곡〉이라는 드라마가 있었는데, 그 주제곡이 정철의 「사미인곡」을 가사로 송창식이 곡을 입혀 부른 노래였다. 사실 내용은 정철에 관한 것이 아니라 효종과 송시열 등이 나오는, 청나라에 대항하는 북벌에 관한 내용이었지만, "이 몸 삼기실제 임을 조차 삼기시니" 하는 아름다운 가사와 비장하고 아름다운 선율에 매료되어 곧잘 그 노래를 입에 넣고 우물거리기도 했다.

「사미인곡」, 「관동별곡」뿐만 아니라 대부분 정철의 가사가 내용도 내용이지만 그 소리끼리의 아름다운 조화와 생동감 있는 운율이, 머리와 마음으로 받아들여 감상을 하기도 전에 벌써 입안에서 굴려지는 맛으로 큰 감흥을 준다.

한 발 물러서 있어 밖으로 드러나지 않다

정철은 이곳 담양 창평의 너른 들에서 키워졌다. 원래 이곳 출신은 아니고, 1536년 서울 청운동에서 태어났다. 그의 집안은 유복한 명문가로, 그의 누이가 인종의 후궁(귀인 정씨)이어서 위세가 대단했다고 한다. 그러나 정철이 10세가 되던 해에 일어난 을사사화로 집안이 몰락해 그는 아버지를 따라 유배지를 전전하는 신세가 된다. 세월이 지나 16세에 아버지는 사면되었으나 서울로 가지 않고, 담양 고서의 당지산 아래에서 머물게 된다. 그해 여름에 순천에 있는 형 정소鄭紹, 1518~1572를 만나러 길을 가다, 날이 더워서 지금의 식영정 앞 자미탄에서 목욕을 한다.

식영정 건너편에는 환벽당이라는 별서가 있다. 그때 그곳에는 나주 목사를 사직하고 고향으로 내려와 세월을 보내고 있던 사촌沙村 김윤제金允悌, 1501~1572가 기거하고 있었다. 김윤제가 낮잠을 자는데, 꿈에서 환벽당 아래 용소龍沼에서 용이 노니는 것을 본다. 잠에서 깨어난 김윤제는 꿈이 묘하다며 사람을 시켜 혹시 용소에 누가 있는지 보고 오라고 한다. 그렇게 정철은 운명적으로 김윤제를 만나게 되고, 김윤제는 한눈에 비범한 인물임을 알고 그를 맞아들여 공부를 시킨다.

그런데 그 공부라는 것이 정말로 거창하고 대단했다. 그 당시 창평 주변에는 내로라하는 학자와 문인이 모여 있었다. 그 면면을 보면 고봉高峯 기대승奇大升, 1527~1572, 하서河西 김인후金麟厚, 1510~1560, 석천石川 임억령林億齡, 1496~1568, 면앙정俛仰亭 송순宋純, 1493~1583 등 문자 그대로 당시의 호남을 대표하는 학자와 문인이었다.

정철은 그들에게 시를 배우고 학문을 배운다. 그렇게 10년을 보내고, 그는 마침내 과거에 급제해 화려하게 서울에 돌아오게 된다. 정철이 급제했을 때 어린 시절 친구처럼 지냈던 당시의 왕 명종이 축하연을 베풀어주기까지 했다고 한다. 이후 정철의 여러 가지 극적인 정치적 편력과 고단한 인생사는 조선 중기 붕당이 형성되는 시기와 맞물려 도저히 그의 문학으로는 상상할 수 없는 방향으로 전개된다.

엇던 디날 손이 성산星山의 머물며서
서하당 식영정 주인아 내 말 듯소.
인생 세간世間의 됴흔 일 하건마난
엇디 한 강산江山을 가디록 나이 녀겨
적막 산중의 들고 아니 나시난고.

이렇게 시작되는 「성산별곡」은 정철이 25세 때 식영정에 머물며 지은 것으로, 식영정 주인이며 스승인 임억령에게 바치는 헌사와도 같다.

식영정은 정면 2칸, 측면 2칸의 아주 작은 집이다. 자미탄이 훤히 내려다보는 높은 언덕에 있지만, 밖에서는 그 집이 잘 보이지 않는다. 이런 모습은 경치 좋은 언덕에 세운 정자들이 근방 어디에서건 잘 보이는 곳에 당당하게 세워져 있는 것과는 사뭇 다르다. 그렇다고 집이 아주 깊이 박혀 있는 것도 아니다. 다만 절묘하게 한 발 물러섬으로써, 밖에 드러나지 않으면서도 정자로서 얻어야 하는 차경借景은 충분히 얻으며 겸손하게 자리할 수 있었다.

그 집에 가기 위해서는 긴 계단을 올라야 한다. 그런데 난간도 없

●○ 식영정은 높은 언덕에 있지만, 밖에서는 잘 보이지 않는다. 그렇다고 집이 아주 깊이 박혀 있는 것도 아니다.

는 그 계단은 뱀처럼 구불구불해서, 급한 경사를 완만하게 해주지만 절대로 빠르게 오르내릴 수 없게 되어 있다. 집의 앉은 모습과 일맥상통하는 무척 길고 좁은 그 계단은, 그 끝이 어디로 가는지 잘 보여주지 않는다.

식영정은 서하棲霞 김성원金成遠, 1525~1597이 그의 장인이며 스승인 임억령을 위해 지은 집이다. 식영정이라는 이름은 직역을 하면 '그림자가 쉬는 정자'라는 뜻이다. 그 이름의 의미는 임억령이 지은 「식영정기息影亭記」를 통해 알 수 있다. 집의 이름을 청하는 김성원에게 임억령은 『장자』의 '제물편'에 나오는 이야기를 해준다.

"옛날에 자기 그림자를 두려워하는 사람이 있었다. 그가 해 아래를 달리는데, 그가 그림자를 없애려고 급하게 달리면 달릴수록 그림자가 끝내 없어지지 않았다. 그러다 나무 그늘 아래로 나아감에 미쳐 그림자가 홀연 보이지 않더라.……내가 시원하게 바람을 타고, 조물주와 더불어 무리가 되어서 궁벽한 시골의 들판에서 노닐 적에 거꾸로 비친 그림자도 없어질 것이며, 사람이 보고도 지적할 수 없을 것이니 이름을 '식영息影'이라 함이 또한 좋지 않겠는가?"

그가 이야기하는 그림자는 사람을 얽어매는 욕망이며 현상이다. 식영정은 자연과 더불어 유유자적하며 그림자를 끊겠다는 그런 의미의 집이다. 식영정과 같이, 별서는 '홍진紅塵에 묻힌' 사람들이 현실과 잠시 거리를 두며, 우리를 집요하게 따라다니는 '그림자'를 잠시 거두는 곳이다.

감각을 뛰어넘는 집

종묘

움직이는 것도, 정지해 있는 것도 아닌

    내가 살풀이춤을 처음 본 것은 1987년 어버이날 세종문화회관에서였다. 그때 나는 학교를 잠시 쉬면서, 돈을 벌어 전국을 돌며 옛집들을 섭렵하겠다는 야무진 꿈을 꾸며, 어딘가에서 열심히 아르바이트를 하고 있던 중이었다. 너무 고된 하루하루에 지쳐 있던 시절, 휴일을 맞이하며 어버이는 아니지만 '나도 조금 쉬어야겠다'고 생각했다. 나름 문화적 휴식을 찾아 주변을 둘러보았는데, 그때 마침 그 공연이 눈에 띄었다.

공연의 구성은 그 당시 잘나가던 김덕수패의 사물놀이부터 황병기의 가야금 연주, 여러 명인의 판소리 등 국악의 모든 장르를 한자리에 모아놓은 것이었다. 하지만 나에게 공연 그 자체보다 지어진 지 꽤 되었지만 한 번도 가보지 못한 세종문화회관에 들어가보는 것이 더 큰 목적이었다. 그곳에서 진행하는 공연들이 대부분 값이 비싼, 내가 알 수 없는 고상한 장르들이었다. 하지만 그날의 공연은 그중 비교적 저렴했고, 어느 정도는 졸지 않고 볼 수 있을 거라는 판단이 들었다.

기억이 정확한지는 알 수 없지만 당시 5,000원 정도 하는 그 공연의 표를 선뜻 사서 저녁 7시에 시작하는 시간에 맞춰 들어갔다. 널찍하고 웅장한 세종문화회관은 막상 들어가니 무척 머쓱했고, 주변을 둘러보아도 내 또래는 보이지 않아 더욱 어색했다. 게다가 아무런 사전 지식 없이 마주친 공연은 생각보다 훨씬 더 시들했다. 나는 지루하게 늘어져서 그냥 일상의 장소가 아닌 세종문화회관이라는 곳에서 몇 시간을 보낸다는 일탈의 여유로만 만족하고 있었다.

그러던 중, 공연이 거의 끝나갈 즈음에 이매방이라는 화장을 무척 짙게 한 분이 홀로 무대에 올라서고 있었다. 그리고 춤이 시작되었는데, 여태까지 늘어져 있던 내 몸의 근육이 일어서기 시작했다. 나뿐만이 아니었다. 팽팽한 긴장 속에서 아주 천천히 움직이는 그의 모습이 사람들을 빨아들이기 시작했다.

당시 그곳을 찾은 관객들 또한 대부분 나와 별반 다를 바 없는 기분이었던 것 같다. 중간중간 "여기보다 밥 먹으면서 쇼 보는 그런 극장식 식당이나 보내줄 것이지" 하며 자신들을 그 자리로 보낸 자녀들에 대해 아쉬움을 보이던 분들이었다. 그런데 참 희한했다. 그동안 그렇게 산만하고 시끄럽던 공연장이 갑자기 조용해진 것이, 그리고 그 원인이 거의 동작이 없는 그 이상한 춤 때문인 것이.

● ○ 종묘는 움직이지 않음으로써 가장 크게 움직임을 얻는 정중동의 미학을 구현한 한국 건축 미학의 완결이다.

무엇에 홀린 듯 황홀하게, 춤이라기보다는 그냥 단속적인 동작의 나열에 혼을 빼앗긴 채 몇 분이 지나갔다. 공연이 끝나고 컴컴해진 광화문으로 나올 때도 그 춤이 강렬하게 뇌리에 새겨져서 잊히지 않았다. 이후 특별히 찾아다니지는 않았지만, 그전에는 텔레비전에서 한가한 시간에 방영되던 국악 관련 프로그램을 열심히 보게 되었다. 그 중간중간 살풀이춤을 보게 되었으며, 이매방이라는 분이 승무의 대가라는 사실도 알게 되었다.

전남 목포가 고향인 이매방의 살풀이춤은 남도 살풀이라던데, 꼿꼿하고 정갈하며 쉽게 범접할 수 없는 위엄이 있었다. 춤이라는 것이 동작을 보는 것이고 흐름이 있고 율동이 있다고 생각했는데, 그 춤은 움직이는 것도 아니고 정지해 있는 것도 아닌, 그 사이의 모호한 영역을 거니는 것 같았다. 그런데도 그 동작들이 주는 긴장감과 야릇한 해방감은 도저히 반항을 할 수 없을 정도로 압도적이었고, 숨을 크게 쉬지도 못할 정도로 공간과 시간을 완벽하게 지배하고 있었다.

대체 저 춤은 무엇인가? 나는 심각하게 생각했다. 도대체 어떤 의미인가? 내가 아는 춤이, 내가 아는 음악이 과연 맞는 것일까? 근본적인 질문이 내 안에서 스멀거렸다.

처음으로 느껴보는 감각

그렇게 몇 년이 지나고 1989년 가을, 나는 대학로에 있는 회사에 다니고 있었다. 마로니에 공원에 면한 지금의 아르코극장인 문예회관을 내 집 앞처럼 매일 지나다녔다. 매번 다양한 공연과 연주회 포스터가 붙어 있었지만, 나는 그냥 그 앞을 지나치기만 했다. 그러던 중 어느 날 나를 붙잡아 세워놓는 포스터가 하나 있었다.

김숙자 살풀이춤 공연. 물론 일천한 나의 지식으로는 그 사람이 누군지, 또 어떤 춤을 추는지도 몰랐다. 그저 몇 년 전의 감동이 되살아나서 무턱대고 표를 샀을 뿐이다. 극장으로 들어가보니, 김숙자 선생은 도살풀이의 대가이며 아버님에게서 춤을 배웠고 따님도 이어서 그 춤을 추고 있다며, 무대에서 진행자가 길게 길게 사설을 늘어놓고 있었다.

객석은 가득 차 있었다. 잠시 후 무대에 하얀 한복을 단정하게 입은 연세가 지긋하신 분이 손에 긴 무명 수건을 들고 나왔다. 그리고 춤을 추기 시작했는데 몇 년 전에 보았던 이매방의 춤사위와는 다소 다른 듯 비슷한 듯했다. 역시 관객의 모든 호흡을 빼앗은 채 시간과 공간을 초월한 영원에 가까운 동작이 끊어질 듯 끊어질 듯 이어졌다.

다만 초심자의 내 눈에는 이매방의 춤이 아주 정연하고 절도가 있

●○ 조선의 왕들의 영혼을 모시는 종묘에 들어가면 모든 소리와 생각과 시각이 압도된다. 종묘 회랑.

었던데 비해, 김숙자의 춤은 약간은 구부정하며 비례와 균형의 귀퉁이가 살짝 벌어진 채 움직이고 있었다. 처연한 듯하면서도 경쾌하며 유장한 듯하면서 빠르게 휘감는 느낌이 약간은 귀기鬼氣마저 느껴질 정도였다. 그간 내가 보았고 들었던 어떤 장르의 예술에서도 느낄 수 없는 새로운 감동이 있었고, 한 번도 사용해본 적이 없는 감각기관에 처음으로 닿는 자극을 받는 것 같았다.

정중동의 미학, 정지해 있으면서도 움직인다. 무슨 말인지 도무지 알 수 없는 그 말들을 우리는 쉽게 한다. 혹은 너무나 쉽게 듣는다. 그러나 나는 살풀이춤을 통해 그 의미를 비로소 조금씩 알게 되었다. 정지해 있지만 정지해 있는 것이 아닌, 심지어 너무 크게 움직여 도무지 우리가 눈치챌 수 없는 그런 것이 살풀이춤에는 있었다.

"동양 사상에서는 '반대'라는 개념을 '다른 것'으로 보지 않습니다. 예를 들어, 움직임과 정지가 반드시 반대되는 것이 아니라 음양처럼 조화한다고 보는 그것입니다. 그래서 한국 춤에는 정중동靜中動 사상이 있는데 이것은 정지 속에 움직임이 있다고 믿는 것입니다. 한국 춤에서는 정지한 듯이 가만히 있는 경우가 많은데 그것은 결코 가만히 있는 것이 아니라 그 안에 이미 움직임이 있습니다. 반면 발레는 외향적으로 항상 움직임이 많습니다. 그래서 정지가 거의 없습니다. 그것은 아마 정지를 움직임의 반대 개념으로 생각하기 때문일 겁니다."[6]

사실 동양 사상, 그중 특히 한국의 사상에 입각한 예술을 이해하기 어렵게 만드는 것이 바로 이런 부분이다. 서로 모순되는 여러 개의 사상을 통섭하는 '정중동'이라든가 '도가도 비상도道可道非常道'와 같이 모호한 말들을 앞에 내세우고, 실질적으로 그런 생각에 절여서 꺼낸 듯한 결과물들을 우리 앞에 태연하게 보여주는 것이다.

살풀이춤이 그렇고 정악正樂이 그렇다. 한 동작, 한 음을 내고 그 다음 동작까지의 길고 긴 여백 그사이에, 우리는 무수히 많은 생각과 무수히 많은 영상을 관객 스스로 만들어서 채워야 한다. 관객이 작품에 직접 개입해 같이 완성하는 '창조적 수용자'가 되는 것이다. 실제로 한국 공연예술의 깊은 전통은 무대와 객석의 구분이 없이, '얼~쑤' 혹은 '잘한다~' 하는 추임새를 틈틈이 넣고 박자도 같이 맞춰주는 그런 참여와 직접 교류가 활발히 이루어진다. 공연 중에는 기침도 참아야 하고 부스럭거림도 큰 실례가 되는 서양의 공연과는 사뭇 다르다.

◢ 모든 소리와 생각을 압도하다

우리는 태어나면서부터 서양의 척도를 배우고 서양의 양식과 제도를 그대로 직역해서 만들어놓은 여러 가지 교육 시스템에서 길러진다. 그러다 보니 우리가 사물을 재고 사물을 인식하는 '자尺'는 속속들이 서양의 것이다. 그 자를 들고 우리의 것을 재면, 도저히 입으로 낼 수 없는 이상한 숫자나 신호가 읽히게 된다.

그래서 우리는 한국의 전통문화에 대해 많은 편견이 있었다. 우리가 이해하지 못하는 것은 세상에 없는 것이라는 옹졸함과 무식함이 한꺼번에 작용해서, 심지어 한때는 우리의 전통문화를 폄하하고 미개한 것으로 치부하기도 했다. 지금이야 인식이 많이 개선되어서 잘 모르는 것이더라도 예전처럼 무시하고 덮어버리려고 하지는 않지만, 여전히 서양의 자를 버리지 못한다. 근대화의 100년 사이에 우리는 참으로 많이 바뀐 것이다.

한국의 전통 건축을 이해하기 위해서는 우리가 가지고 있는 자를 바꾸어야 한다. 한국의 춤과 사진에는 들어오지 않는 움직임 혹은 사람들이 알아챌 수 없는 움직임이 담겨 있듯, 멈춘 듯 움직이는 건축, 한국의 많은 공간이 그런 이상을 추구한다.

그런 의미에서 높이 세우지 않으면서도 주변을 압도해버리는 수평적 랜드마크의 건축이 있다. 조선의 왕들의 영혼을 모시는 종묘가 그런 건축이다. 종묘에 들어가면 모든 소리와 생각과 시각이 압도된다. 지평선을 온통 덮어버린 수평으로 길고 긴 건축. 대체 저 건물의 길이가 얼마인지 넓이가 얼마인지 하는 척도 개념은 사라지고, 우리의 감각은 '무한에 가까이 넓고 길다'로만 인식한다.

사람의 스케일에서 벗어난, 움직이기는 하지만 그 움직임이 무척 커서 우리가 알아챌 수 없는, 지구의 자전 혹은 우주의 운행과도 같은 그런 '신적 스케일'을 지향하기 때문일 것이다. 종묘가 가지고 있는 진정한 의미는 바로 그런 것이다.

종묘 정문에서 중앙으로 들어가는 신도는 왕도 드나들 수 없는 신(조상)만의 길이다. 조상을 받들고 효경을 숭상한다는 의미의 종묘와

●○ 사직단은 농사를 관장하는 사직에게 제사를 올리는 곳이다. 사직은 땅의 신인 사社 와 곡식의 신인 직稷을 함께 이르는 말이다.

토지의 신과 곡식의 신에게 제사를 지내는 사직社稷은, 유교 사회를 상징하는 가장 중요한 의미의 건축이다. 그래서 고대 중국부터 왕이 도읍을 정하면 궁전 왼편에 종묘를 세우고 오른편에 사직을 세우게 했다. 조선의 태조 또한 왕조의 정통성을 세우기 위해 경복궁보다 먼저 종묘를 세웠고, 임진왜란 이후에도 불타버린 궁궐보다 먼저 종묘를 복원했다.

역대 왕과 왕후는 사후에 그 신주를 일단 정전正殿에 봉안했다가 공덕이 높은 왕을 제외한 신주는 일정한 때가 지나면 영녕전으로 옮겨 모셨다. 정전에는 19위의 왕과 30위의 왕후의 신주를 모신 19실이 있고, 영녕전에는 정전에서 조천祧遷된 15위의 왕과 17위의 왕후, 의민 황태자(영친왕)의 신주를 모신 16실이 있다.

원래는 7칸으로 창건된 종묘가 19칸으로 길어지게 된 것은 정전을 새로 짓지 않고 기존의 건물에 이어서 지어나갔기 때문이다. 정전의 신실은 제1실에 태조의 신주가 봉안되어 있고, 고대의 예법인 '서상西

● ○ 종묘의 영녕전에는 추존왕의 신위나 단명하거나 대가 끊기는 등 위상이 적은 왕과 왕비의 신위가 모셔졌다.

上'의 원리에 따라 서쪽부터 동쪽으로 차츰 늘어났다. 영녕전은 태조 이전 4대조(목조, 익조, 도조, 환조)를 중앙에 모시고 양쪽으로 증축해나 갔다. 정전은 19칸 태실의 지붕이 똑같지만 영녕전은 중앙의 4칸 지붕 이 높다. 그래서 3칸의 차이에도 정전이 영녕전보다 훨씬 길어 보이게 되었다.

무한히 긴 집, 종묘는 영혼이 사는 집이고 신이 사는 집이다. 인간 의 척도가 아닌 신의 척도로 지어진 그 수평적 무한성과 공간감은 우 리의 감각을 넘어선다. 그 공간은 크게 움직인다. 그것은 동양 사상이 추구하는, 움직이지 않음으로써 가장 크게 움직임을 얻는 정중동의 미 학을 구현한 한국 건축 미학의 완결이다.

왕이 사는 집

경복궁

△ 국가의 상징인 궁궐

궁宮이란 글자는 제왕이나 왕족들이 사는 규모가 큰 건물을 일컫는 말인데, 애초에 집을 이르는 말이었다. 기원전 10세기 이전의 문자인 갑골문을 보면, 지붕 아래 창문이 두 개 있는 듯한 모양을 갖추고 있다. 궁 앞의 좌우에 설치되었던 높은 망루를 가리키는 궐闕과 합쳐지면 궁궐이 된다. 궁궐 건축은 최고 지배층의 업무 공간과 생활 공간이자 그 시대를 대표하는 최고의 건축이라고 할 수 있다.

알다시피 서울에는 다섯 개의 궁이 있다. 경복궁, 창덕궁, 창경궁, 덕수궁, 경희궁. 대부분 전쟁을 겪으며 불탔다가 복원된 이력이 있고, 이 중 경희궁은 거의 훼손되어 명목상의 이름만 남은 상태다. 일제강점기에 일본은 여러 가지 방식으로 한국 사람과 한국 문화를 무기력하게 만들고 능멸했는데, 특히 임금이 살았던 곳이고 국가의 상징인 궁궐은 가장 중요한 표적이었다.

대표적인 예가 일제가 동물원으로 바꾸어 희한한 동물들과 다양한 놀 거리를 집어넣어 엉뚱하게 온 국민의 사랑을 받게 했던 창경궁이다. 더군다나 그곳에 일본의 상징인 벚나무를 잔뜩 심어놓고 봄이면 밤에 벚꽃놀이를 하게 하는 만행까지 저질렀다. 그뿐인가? 경희궁은 파괴해서 학교로 만들었다. 정문인 흥화문은 조선총독부가 1932년 이토 히로부미伊藤博文, 1841~1909를 추모하기 위해 장충단 건너편에 만든 박문사라는 절의 문으로 옮겨졌다가, 그 자리에 신라호텔이 들어서면서 호텔의 정문이 되었다. 한참 후인 1994년 경희궁지에 돌아와 복원되었다.

궁궐 중의 궁궐인 경복궁도 정면에 덩치가 산만하고 견고한 돌 껍질을 두른 건물을 세워 앞을 가로막았다. 또한 영역을 축소하고 궁궐에 가득 채워져 있던 509동 6,806칸에 이르던 건물을 40여 동 857칸만 남기고 모두 없앴다. 그중 4,000여 칸은 공원을 만든다며 경매에

넘겨, 대부분 필동과 용산에 있던 일본계 사찰과 요정, 일본인 부호의 저택으로 팔려나갔고, 조선물산공진회(1915년 9월 11일부터 10월 30일까지 일제가 병합의 정당성을 홍보하기 위해 경복궁에서 전국의 물품을 수집·전시한 박람회) 개최를 이유로 근정전 전면에 있던 홍례문과 회랑, 자선당, 시강원 등 건물 15동과 문, 담장, 석재 등을 없앴다. 그 파괴의 꼼꼼함과 용의주도함을 보면, 가끔은 일본인들의 철저하고 근면한 업무 자세는 감탄스러울 정도다. 저 정도면 거의 예술의 경지라는 생각이

●○ 임진왜란 때 전소된 경복궁은 고종 때 흥선대원군의 주도로 중건되었다가 일제강점기에 일부만 남겨진 채 다시 파괴되었다. 복원된 현재의 경복궁.

든다.

경복궁은 우리나라의 정궁이다. 태조 이성계가 조선을 건국하며 한양에 도읍을 정할 때 뒤로는 백악산을 베고 누워, 오른쪽에는 인왕산을, 왼쪽에는 낙산을, 발치에는 남산과 관악산을 두고 정남향으로 지은 궁궐이다. 매우 전형적이며 권위적이지만, 공간의 크고 작음의 구사가 능란해 인간적인 아름다움을 겸비한 궁궐이기도 하다.

단정하고 품위 있는 집

나는 '경복궁 키드'다. 학창시절 딱히 놀러 다닐 곳이 없어 두리번거리다가, 경복궁과 그 경내에 있던 국립중앙박물관이나 국립민속박물관을 열심히 다녔다. 버스 요금과 비슷한 입장료만 내면 되는 비용 대비 효용도 그렇고, 평일에 늘 한적한 곳이라 그 고즈넉한 공간감이 좋아서였다.

건춘문에서 입장권을 사서 들어가면 산뜻한 마사토 마당이 나오고 돌로 만든 건물들이 제일 먼저 나온다. 그 앞에 커다란 나무가 그간의 사정을 우리에게 일러바치기라도 하는 듯 꺼부정하고 슬픈 몸짓으로 서 있었다. 예전의 조선총독부였고 그 무렵에는 중앙청이었다가 나중에 국립박물관으로 생을 마감한 커다란 돌덩어리가 보였고, 제법 규모가 컸던 학술원으로 쓰였던 건물도 있었다.

그 뒤로 하늘을 다 덮을 듯한 지붕을 가진 근정전이 무지막지한 중앙청의 뒤통수를 바라보고 있었다. 그 뒤에 경회루를 비롯한 몇 동의 건물이 겨우 남아 있기는 했지만, 경복궁은 바짝 마른 백설기처럼 푸석하고 여기저기 구멍들뿐인 처연한 모습이었다. 빈 곳 사이로 간혹 담이 나오고 간혹 매점이 나오고 간혹 나무가 나오지만, 건물은 모두 어디론가 실려나가고 없었다.

그 얼마 안 남은 건물들 사이에서 특히 내가 좋아하는 건물이 하나 있었다. 자경전慈慶殿이라고, 향원정香遠亭 조금 못 미쳐 빈터를 지나면 대문이 나오고 행랑채를 거느린 어떤 규모 있는 반가 같은 집이 나온다. 대문에 들어서면 정면으로 누마루가 하나 덩실 떠 있고 양편으로 기단을 높이 쌓고 건물을 세운 아주 단정하고 품위 있는 집이 보인다. 집을 따라 돌아가면 후원이 나오고 후원에는 십장생이 새겨진 아름다운 굴뚝이 있다.

나는 경복궁에 가면 학교를 마치고 집으로 돌아가는 것처럼 스스럼없이 대문채를 지나고 마당을 가로질러 안채로 갔다. 그러나 더는 들어갈 수 없었으므로, 마루 끝에 엉덩이만 살짝 걸친 채 앉아서 하염없이 시간을 보내다 오기도 했다. 간혹 가방에서 책을 꺼내서 공부를

● ○ 자경전은 흥선대원군이 고종을 왕위 계승자로 삼고 그의 양어머니가 된 신정왕후를
위해 지어준 집이다.

하기도 했지만, 왠지 그 안에 그냥 앉아 있는 것이 행복했다.

자경전은 고종의 양어머니인, 우리에게는 조대비라고 알려진 신정
왕후의 침전이다. 전체의 규모는 44칸인데, 일반적인 반가처럼 집이
분산되어 있는 형식이 아니고 모두 모여 있는 형식이라 규모에 비해
그리 커 보이지는 않는다.

사실 경복궁에 갈 때마다 자경전에 앉아 있었지만, 한 번도 '들어가

지 마시오'라고 쓰여 있는 팻말을 넘어서 들어가본 적이 없었다. 팻말 바깥쪽에 걸터앉아서 햇볕을 쬐거나 건너편 행랑채에 앉아서 시간을 보내거나 했다. 그러던 어느 날, 갑자기 그 안이 너무 궁금해졌다. 마루에 앉아서 무릎에 책을 펼쳐놓고 시험공부를 하던 따사로운 봄날이었다. 평일 오후의 고궁은 정말 사람이 없고, 특히 경복궁에 오는 사람들도 주로 근정전이나 경회루 혹은 향원정을 거쳐 명성황후가 시해된 장소 옆에 황토색 타일로 외관을 두르고 있는 국립민속박물관으로 빠지지 절대로 자경전 쪽으로 오지 않았다.

나는 유혹을 이겨내지 못하고 신발을 벗어 손에 들고 팻말을 넘어 들어갔다. 마루가 있었고 복도를 끼고 방들이 여러 겹으로 포개놓은 샌드위치처럼 켜켜이 쌓여 있었다. 마루를 따라 들어가서 조용한 복도 귀퉁이에 앉아서 공부를 했다.

'여기가 이런 곳이었구나.' 오래된 나무가 뿜어내는 고동색의 냄새와 오래된 한지를 뚫고 들어오는 묵직하면서 약간 구수한 바람 냄새가 시원했다. 얼마나 앉아 있었을까? 갑자기 불안해져서 다시 신발을 들고 밖으로 나오는데, 마침 그곳을 지나가던 관리인 아저씨가 마당에 서 있다가 놀란 표정으로 나를 바라보았다. 잠시 멍하고 있다가 아저씨가 "거기에 들어가면 어떻게 해?"라고 말했다. 내가 뭐 할 말이 있었겠는가? "죄송합니다. 너무 궁금해서 한번 들어가보았습니다"라고 대답할 밖에. 그는 "다음부터는 그러지 마라"고 아주 순순히 나를 훈방해주었다.

마당에 나무를 심지 않는 이유

1840년 무렵 김정호金正浩, ?~?에 의해 제작된 것으로 전해지는 서울 지도인 〈수선전도首善全圖〉를 보면, 경복궁의 자리는 빙 둘러 담이 있고 네 개의 문이 있고 그 안에는 주춧돌과 풀로 채워져 있다. 경복궁은 임진왜란 때 완전히 소실되어 그 당시에는 잡초와 돌덩어리들만 뒹굴던 폐허였던 것이다. 그 상태로 300년 가까이 방치되어 있었던 이유는 무엇보다도 궁을 다시 세운다는 것은 막대한 돈과 인력이 필요한 실로 국가적인 사업이었기 때문이다.

그런 경복궁을 복원한 것은 고종의 아버지인 흥선대원군이었다. 당시는 안동 김씨의 세도가 아주 심했던 때였다. 그래서 풍양 조씨 조대비는 후사가 없던 철종의 대를 잇는 왕위 계승자를 고를 때 인척 서열상으로 아주 후순위(15촌)였던 흥선군의 둘째 아들 명복(고종)을 지명하고 자신은 수렴청정을 한다.

흥선군 이하응은 왕의 아버지인 대원군으로 봉해지며 막강한 권력을 휘두르게 된다. 그는 여러 가지 개혁 정책을 펼치고 왕권을 강화하기 위한 정책을 잇달아 내놓는다. 그중에 가장 핵심적이고 상징적인 사업이 경복궁의 복원 중창이다. 그러나 아주 오랫동안 꿈도 꾸지 못했던 막대한 역사를 시행하기 위해서는 엄청난 희생과 강력한 리더십이 필요했으리라. 그때의 애환이 구전가요 〈경복궁 타령〉에 아주 잘 나온다.

"석수장이 거동을 보소, 방망치를 갈라 잡고 눈만 꿈벅거린다. 도편수란 놈의 거동을 보소, 먹통을 들고 갈팡질팡한다."

경복궁 복원은 당시의 모든 기술력이 동원된 엄청난 사업이었고 그 안에 구현된 건축과 조각과 조경 등의 내용은 아주 빼어난 조선 예술의 진수였다. 그리고 흥선대원군은 조대비를 위해 자경전을 지어준다. 강녕전, 교태전 등 정식 침전과 달리 좀더 한가롭고 편안한 침전인 연침燕寢, 즉 가정집 분위기의 침전이다.

지금은 사라졌지만 만세문을 통해서 자경전에 들어설 때 제일 먼저 보이는 것은 앙상한 가지를 활개 치듯 뻗치고 있는 나무였다. 앙상한 나무 한 그루가 별로 중요해 보이지 않았고 대단하게 집을 가리지도 않아서 그냥 보면서 지나쳤는데, 사실 그 안에는 심상치 않은 의미가 있었다.

원래 우리의 전통적인 마당 조경에서 한가운데나 정면에 나무를

●○ 우리의 전통적인 마당 조경에서 한가운데나 정면에 나무를 심지 않는 것은 집안이
곤궁해진다고 믿었기 때문이다. 자경전에는 예전에 일제강점기 때 심은 나무가 있
었다.

심는 것은 크게 어긋나는 방식이라고 한다. 집안이 곤궁해진다고 믿

었기 때문인데, 네모난 마당에 나무가 들어가 있는 형상은 위에서 보

면 빈곤한 곤困자가 되고, 그 모습을 대문에서 바라보면 한가할 한閑 자가 된다는 것이다.

그러나 추정하건대 그런 의미론적인 이유보다는, 전통 건축에서 건물을 배치할 때의 방식과 더 관련이 있는 것으로 보인다. 보통 집을 배치할 때 절대 음지인 뒤꼍에서 절대 양지인 앞마당으로 기류의 이동을 유도해 집 안의 온습도를 조절하고, 햇빛을 마사토 마당에서 반사해 집 안을 환하게 비춰주는 자연 채광을 고려했기 때문에 마당의 조경은 여러 가지로 불리한 점이 있었다. 그런데 일제는 부수지 못한 건물에는 슬그머니 그런 정도의 어깃장이라도 놓아야 직성이 풀리고 불안감이 사라졌나 보다. 그런 짓은 여러 곳에서 벌어졌다.

오래전 〈궁〉이라는 제목의 드라마가 무척 인기를 끌었던 적이 있었다. 역시 베스트셀러였던 동명의 만화를 원작으로 한 것이다. 우리나라가 공화국이 아니라 입헌군주국이라는, 즉 식민지 시절을 겪지 않고 왕조가 이어져 왕과 왕후, 황태자, 심지어 상궁과 내관들까지 궁에서 살고 있다는 내용이었다. 오만한 황태자와 정략결혼을 하게 된 평범하고 명랑한 여고생의 이야기는 어찌 보면 뻔한 신데렐라 스토리라고 할 수 있었지만, 그 배경이 바로 '궁'이라는 공간이었다는 게 모든 사람을 열광하고 빠져들게 한 매력이 아니었을까 싶다. 아무도 살지 않는 그저 관광의 대상일 뿐이었던 궁을, 사람들이 그득한 살아 숨 쉬는 삶의 공간으로 복원한 것은 무척이나 신선한 발상이었다.

궁궐과 같이 우리의 전통과 문화가 담겨 있는 한국의 공간들이 그간의 고리타분하고 전근대적이라는 수식어를 떼어내고, 모두가 사랑하는 공간으로 거듭나는 것은 두 손을 들고 활개를 치며 반길 만한 일이다. 그곳이 슬픈 역사가 박제된 공간, 단순히 벽에 붙여놓고 감상만 하는 공간이 아닌 우리의 생활과 붙어 있는 공간이 되어 살아 있는 역사를 같이 써나가는 그런 공간으로 이어지기를 기원한다.

제2부
한국의 사찰

제1장

처음으로 돌아가다

#화엄사 #통도사 #해인사 #부석사

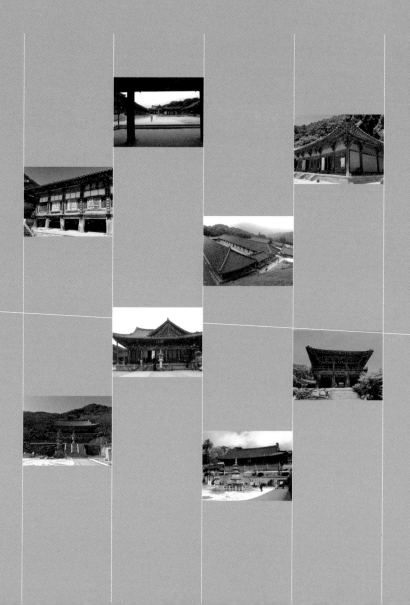

그물같이 긴밀하게
상생하다

화엄사

⎯⎯⎯⎯ 서로 어울리는 경지

21세기로 접어든 지도 벌써 20년이 넘었다. 문명은 계속 발전하고 인간도 그에 따라 성숙하리라 생각했다. 세상의 투박함은 줄어들고 점점 세련되고 인간을 생각하는 사회가 될 줄 알았는데, 현실은 그와는 반대로 미움과 다툼, 걷잡을 수 없는 물신 숭배가 정점으로 치닫는다. 서로 다름을 인정하며 함께 어우러지는 사회를 기대하는 것은 너무 이상적인 생각일까?

지금은 일상생활에서 떼어놓을 수 없는 스마트폰이라는 놀라운 통신기기가 처음 나오고 아이폰의 열풍이 불어댄 것이 불과 16년 전인 2007년이라는 사실을 기억하고 놀랐다. 그 당시 나는 스티브 잡스Steve Jobs, 1955~2011의 종교적 마케팅과 그를 둘러싼 팬덤 현상이 조금 거북하다는 핑계로 아이폰 구매의 유혹을 잘 참아내고 있었다.

애플 마니아들에게 스티브 잡스는 단순한 기업인이 아니라 거의 신과 같은 존재였다. 어떤 불편도 감수하고 그들이 베푸는 공급자 위주의 서비스 정책에도 이의를 제기하지 않는 것은 단순한 소비자로서 이해하기 어려운 일이었다. 어떤 자리에서 내가 "잡스가 별거 있냐, 이런저런 앞선 디자인을 통합하고 잘 배합하는 것 아니냐"고 소수의견을 제기했다가 갑자기 단란했던 분위기에 찬물을 끼얹은 적도 있었다.

"님만 님이 아니라 기룬 것은 다 님이다"고 만해萬海 한용운韓龍雲, 1879~1944이 시집 『님의 침묵』의 서문 격인 '군말'이라는 글에 썼다. 그런데 요즘은 종교만 종교가 아니라 기룬(그리운) 것은 모두 종교다. 아이돌이 청춘의 신이며 영화배우가 대중의 신이다. 심지어 정치인, 혹은 정치 언저리에서 배회하는 입담꾼까지 신도를 몰고 다닌다. 그리고 의미 없이 서로 진영의 명예를 위해 인터넷에서 설전을 하고 집단으로 몰려가 난동을 부리기도 한다.

논쟁을 하는 사이트에 들어가 댓글을 본 적이 있는데, 지옥이 있다면 바로 여기가 아닌가 하는 생각이 들었다. 별다른 원한이나 분노의 당위성이 있는 것도 아닌데, 사람들은 흥분하고 있었고 지독한 말들을 뿜어내고 있었다. 세상에 종교는 차고 넘치는데 사람에 대한 이해와 애정은 전혀 없는 이상한 신앙의 시대에 살고 있는 것이다.

그런 의미에서 나는 종교가 없다고 자신 있게 이야기하고 다닌다. 그래도 조금이라도 마음이 가는 종교가 있지 않느냐고 물어본다면, 불교로 조금 기울어 있다고 말할 예정이다. 내가 불교로 조금 기울게 된 것은 모두 사찰 건축, 즉 절 때문이다.

● ○ 화엄사 넓은 마당에는 두 기의 탑이 있고, 기역자로 마당을 감싸고 서 있는 축대 위에는 대웅전과 각황전이 있다.

전공이 건축이다 보니 답사를 자주 다니는데 주로 절을 가거나 오래된 살림집을 다닌다. 살림집은 아직도 사람이 살고 있어서 들어가기 조금 거북하거나 사람이 살지 않아 문이 닫혀 있거나 한다. 여러 가지 제한이 많이 있지만 절이라는 공간은 많은 신도가 들락거리고 관광객이 몰려드니 상대적으로 드나들기가 편하다.

그러다 보니 절을 많이 다녔는데, 절을 많이 다닌다고 불교의 교리나 불교의 정신을 알게 되는 것은 물론 아니다. 그저 공간만을 보며 다니다 보니 절이라는 공간이 나를 감화시켰다고 생각한다. 나에게는 사실 공간이 바로 경전이며 말씀이다. 그것은 고딕 성당의 성스러움이나 이슬람 사원의 신비함 같은 그런 영적인 체험과도 조금 달랐다.

우리나라 절이 주는 느낌은 포근하게 안아주는 포용력과 융통성이다. 물론 불교가 원체 그런 성향의 종교이기도 하지만, 우리나라 건축의 정신이 지향하는 바가 더해져서 생긴 건축적인 친화력이 아니었나 생각한다. 말하자면 겨울날 마루 끝에 내리쬐며 따끈하게 데워주는 겨울 햇살 같다.

또한 내가 우리나라 절을 좋아하는 이유는 종교 건물이면서도 자유로운 형식을 갖고 있다는 점이다. 예전에 학교에서 배운 자유시의 형식처럼, 그 리듬이라든가 규칙이라든가 하는 것이 사실은 그 안에 있으면서도 겉으로 두드러지지 않는 그런 자유로움이다. 그러면서도 본질적으로는 포괄적이며 드넓은 포용력을 가지고 있다. 그런 면이 내가 본 우리나라 사찰 건축이다. 우리나라 사찰 건축의 핵심은 바로 그런 포용력이며, 원융圓融이라는 말이 가장 어울리는 단어라고 생각한다.

불교의 근본정신을 담고 있으며 무척 긴 『화엄경』을 우리나라 화엄의 초조初祖라고 불리는 의상대사義湘大師, 625~702가 간추려놓은 것이 '의상대사 화엄경 법성게法性偈'라는 불경이다. 의상대사의 법성게는 이렇게 시작한다.

"진리와 성품은 원융하여 둘이 아니다法性圓融無二相."

원융이라는 말은 서로 다른 존재가 타고난 속성을 잃지 않으면서도 서로 어울리는 경지를 이르는 말이다. 그리고 그런 경지는 우리의 건축이, 우리의 문화가 추구하는 지향점이 아닌가?

수많은 절을 품은 지리산

나는 25년에 걸쳐 지리산을 빙 돌며 집을 짓고 있다. 지리산이 나를 붙잡고 놓아주지 않는다고 가끔 과장해 허풍을 치기도 하는데, 실은 나를 불러줘서 너무나 좋다. 그 덕분에 지리산을 둘러싸고 모여 있는 무수한 절을 다 구경할 수 있었다. 실상사, 대원사, 율곡사, 연곡사,

쌍계사, 천은사, 화엄사……. 무수히 솟아 있는 지리산 봉우리들처럼 정말 절은 많기도 하다.

산청에서 시작해서 함양과 하동을 거쳐 몇 년 전에 구례에서 집을 지었던 적이 있다. 지리산까지 가려면 경상도 쪽으로 가거나 전라도를 꿰뚫고 가거나 여하튼 5시간을 넘기던 시절을 지나, 이제는 고속철도로 2시간 남짓이면 도착한다. 용산역에서 기차를 타고 1시간 책을 읽고 1시간 졸면 구례구역에 도착한다. 고속철도역답지 않게 소박한 시골 역사 같은 풍모의 구례구역은 구례의 입구라는 의미인데, 사실 구례가 아니고 순천에 있다. 어쩌다 보니 다리 건너 순천의 끄트머리에 역을 세우게 된 것이다. 역 앞에 늘어서 있는 택시를 타고 다리를 건너고 고개를 넘으면 한없이 부드럽게 넘실거리는 섬진강과 근엄하지만 푸근한 지리산의 품에 안기게 된다.

몇 년 전, 집을 짓고 있는 현장에 갔다가 오는 길에 택시를 타고 화엄사에 들렀다. 사실 유명하다거나 사람이 많이 몰리는 장소를 기피하는 취향 때문에 화엄사는 이상하게 발길이 닿지 않았다. 1996년 여름 한창 휴가철에 처음 갔다가 사람들에게 치이고 밀려서 제대로 구경도 못하고 왔는데, 그날은 평일 대낮이어서 한번 도전할 만하다고 생각되었다.

화엄사로 말하자면 말이 필요 없는 좋은 절이라 구구하게 감상을 늘어놓을 필요도 없을 것이다. 처음에는 부석사와 더불어 대표적인 화엄종 사찰이었다고 하는데, 시대를 지나며 점점 그런 이념적인 색채는 많이 줄어들었고, 전쟁을 거치며 기단을 제외하고 전부 불에 타는 바람에 오랜 시간과 많은 노력을 거치고 나서야 절의 모습이 되살아났다고 한다.

강을 따라 흘러가다 지리산 쪽으로 방향을 틀어 산을 보며 한참을 달리다 보면, 논이 보이고 밭이 보이고 집들이 보이다가 이윽고 산사의 영역으로 접어들게 된다. 택시에서 내려 문을 몇 개 거치며 안으로 쭉 들어갔다.

사실 종교의 본질은 어딘가로 들어가는 것일 것이다. 그래서인지 절로 들어가는 길은 여러 가지다. 빙 돌아가기도 하고 크게 꺾어져 들어가기도 하는데, 화엄사는 곧게 들어가는 것 같으면서도 서쪽으로 조금씩 게걸음처럼 옆으로 옮겨가며 들어간다.

그렇게 들어가며 오르다 보면 덩치가 커다란 건물이 앞을 막아선다. 보제루라는 건물인데, 이름으로 보면 누각이지만 아랫도리가 허공에 붕 떠 있지 않고 땅에 붙어 있다. 다만 다리를 아래로 내리고 있다. 부석사나 봉정사처럼 누각 아래로 들어가며 절의 큰 마당에 이르는 '누하진입樓下進入'이 아니라, 누를 옆으로 끼고 돌아 들어가면 화엄사 마당에 이르게 된다.

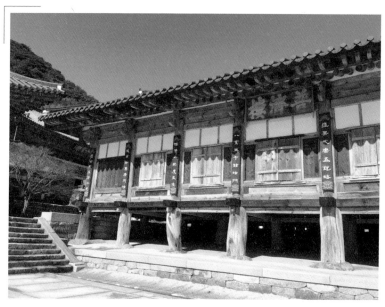

●○ 화엄사 보제루는 누각이지만 아랫도리가 허공에 붕 떠 있지 않고 땅에 붙어 있다.
다만 다리를 아래로 내리고 있다.

　넓은 마당에는 탑이 두 기가 있고 높다란 축대가 기역자로 마당을
감싸고 서 있다. 축대 위에는 두 채의 커다란 건물이 있는데 하나는 대
웅전이고 하나는 각황전이다. 대웅이란 석가모니를 지칭하는 명칭이
고 각황이란 깨달음에 이른 왕, 역시 석가모니를 일컫는다. 같은 영내
에 석가모니의 집이 두 채나 있는 것은 무척 드문 경우다.

모든 것의 경계가 사라지다

불교에는 많은 신이 있다. 석가모니와 아미타불을 비롯해 비로자나불, 미륵불, 관세음보살, 대세지보살, 문수보살 등 헤아릴 수 없이 많은 부처와 보살이 존재한다. 그 안에 있는 각각의 부처나 보살이 관장하는 세계가 모두 다르며 머무르는 장소도 다르다. 대웅전은 석가모니의 집이고 무량수전이나 극락전은 아미타불의 집이다. 관음전은 관세음보살의 집이며 미륵전이나 용화전은 미륵보살의 집이다. 또한 대적광전이나 비로전은 비로자나불의 집이다.

그 안에는 보이지 않는 질서가 공존하고 있다. 그래서 절이라는 장소는 아주 복합적이며 도시적인 구조를 가지고 있다. 불국사가 그렇고 금산사가 그렇고 통도사와 해인사가 그렇다. 그렇게 모든 부처와 보살이 모여 모든 것이 두루 갖춰진 '만다라'라는 도상圖像을 만드는데, 그것은 아마 불교의 가장 이상적인 세상을 건축으로 구현한 모습일 것이다.

그런데 화엄사에는 석가모니의 집만 두 채가 있다. 이상하다고 생각하며 그 안에 들어가보았다. 비로자나불이 있었던 자리에 세워진 각황전에 석가모니가, 석가모니의 집이라는 의미를 가진 대웅전에는 비로자나불이 앉아 있었다. 좀 의아하기는 했지만 모든 것의 경계가 사라지고 서로 연결되는 화엄의 의미를 일깨워주는 불교적 도상이 아닐까 싶었다. 몰라서 그럴 리는 없고 이거야말로 경계가 없이 두루 회통하는 화엄의 가르침을 전해주기 위한 미필적 고의라며 같이 간 사람들과 농담을 주고받았다.

원래 각황전은 신라시대에 화엄사를 창건할 당시 거대한 불상이 있는 7칸 3층의 거대한 규모의 장륙전이었다고 한다. 그때 내부는 돌에 새긴 『화엄경』이 가득한 곳이었으며, 따라서 화엄종의 주불인 비로자나불이 있었던 곳이었을 것이다. 그러나 임진왜란 때 모두 불타버리고 이후 숙종 대에 2층으로 조금 축소해서 중건하면서, 석가모니를 모시는 각황전으로 바뀌었다고 한다.

"여래가 거처하시는 궁전과 누각은 넓고 장엄하고 화려해서 시방에 충만하며 가지각색의 마니摩尼로써 이루어져 있었다. 온갖 보배꽃으로 장엄하였고 모든 장엄에서는 광명이 흘러나와 구름 같으며 궁전 사이에서는 그림자가 모여서 깃대가 되었다. 한량없는 보살들과 도량에 모인 대중들은 모두 그곳에 모여 여러 부처님의 광명과 부사의한 소리를 내었다. 마니보배로서 그물이 되었는데 여래의 자재하신 신통력으로 모든 경계가 다 그 속에서 나오고 일체 중생의 거처하는 집들이 다 그 속에서 영상처럼 나타나며 모든 부처님의 신력으로 일념一念 사이에 온 법계法界를 다 둘러쌌다."

● ○ 각황전은 화엄종의 주불인 비로자나불이 있던 장륙전이지만, 숙종 대에 중건하면서
석가모니를 모시는 각황전으로 바뀌었다.

이 글은 『화엄경』의 첫머리에 나오는, 「궁전의 장엄」이라는 부처님
이 머무르는 곳에 대한 묘사다. 이 글은 묘하게 상상력을 자극한다. 특
히 '그림자가 모여서 깃대가 되었다'라는 대목에서 상상력이 극대화되
며 3차원적으로 풍경이 그려진다. 물론 장소에 대한 묘사는 실제의 풍
경이 아니라 보리수 아래에서 깨달음을 얻은 부처의 눈에 모든 세상이

보석으로 둘러싸이고 아름다운 음향이 들리는 낙원으로 보였다는 의미일 것이다.

"화엄이란 세상의 아름다운 꽃들은 물론 이름 없는 온갖 꽃들을 포함한 꽃들의 장엄을 말한다. 우리가 사는 이 세상은 아름다운 일들이 많아 우리의 심신을 기쁘고 안락하게 해주지만 그에 못지않게 힘들고 어려운 일들도 많다. 화엄 세계에는 이 모든 것들이 들어 있다. 그 속에서 우리는 서로에게 의지하며 함께 살고 있다. 연기의 안목으로 세상을 바라보면 이처럼 그물같이 서로 긴밀하게 짜여 있음을 알 수 있다."[7]

'나는 이렇게 들었다 如是我聞'로 시작하는 『화엄경』은 보리수 아래서 마침내 큰 깨달음에 이른 석가모니의 가르침이다. 서로 다른 질서들이 직교하고 교차하며 형식에 얽매이지 않으면서도 조화로우면서 엄정한 화엄사의 공간 구성을 되돌아보며, 반목과 다툼이 불거진 21세기에 새겨볼 만한 가르침이라고 생각해보았다.

없음으로 가득한
존재

통도사

보이지 않지만 존재하는 것

　나는 영화를 상당히 편식한다. 무서운 영화나 피가 튀는 영화는 일단 제외하고, 지나치게 흥행이 잘되는 영화도 제외하는 등의 몇 가지 기준을 세워놓고 고르다 보면 막상 볼 영화가 그리 많지 않다. 더군다나 게으른 편이라서 저건 봐야지 하고 마음먹고 벼르다 못 보는 영화도 많다. 주로 보는 영화는 스토리 전개가 아주 느리거나 거의 없는 심심한 영화들이다. 말하자면 자극이 아주 약한 흰쌀밥이나 바게트빵 같은 영화를 좋아하는데, 그것은 아마 현실의 세상이 오히려 너무 빠르게 돌아가고 자극이 많아서 그러려니 생각한다.

내가 영화를 처음 접하게 된 어린 시절, 그런 영화부터 보기 시작해서인 것 같기도 하다. 20세기 중반에 크게 활약했던 이탈리아의 영화 감독 미켈란젤로 안토니오니Michelangelo Antonioni, 1912~2007의 영화는 그런 면에서 나에게는 안성맞춤이다. 그가 만든 영화들이 공통적으로 가지고 있는 특징인 대사가 없고 음악도 절제되고 내용 파악이 잘 되지 않는 그런 졸리고 따분한 분위기가, 처음에는 무척 생경하고 적응하기 힘들지만 어느 정도 적응이 되면 묘하게 빠지는 매력이 있다.

그의 영화를 생각하면 건조한 흑백 화면, 장면을 이어주고 빈틈을 메워주는 대사와 음악을 최소화해서 영화에 집어넣은 모든 요소가 마구 충돌하는 듯한 느낌, 긴 그림자와 깊은 공간들. 그런 이미지들이 주로 떠오른다. 그의 영화는 존재에 대한 깊은 성찰을 하게 만든다. '존재와 부재', 두 가지의 상반된 개념이 그의 영화에서는 마구 섞인다. 갑자기 사람이 없어지거나 느닷없이 삶을 지탱해주는 배경이 무너지기도 한다. 또한 보이지 않지만 존재하는 것에 대해 천연덕스럽게 이야기한다.

안토니오니의 그런 경향을 확실하게 이야기하는 영화가 한 편 있다. 1966년에 만든 〈블로 업Blow-Up〉이라는 영화다. 이 영화는 내가 아는 미켈란젤로 안토니오니 영화 중 드물게 컬러 필름으로 만든 영화이기도 하다. 흑백 화면이 주는 뭔가 고답적이고 답답한 느낌은 훨씬 덜하지만, 그의 컬러 필름은 왠지 차가우며 과묵한 느낌으로 충만하니 큰 차이는 없다고 본다.

우리나라에서는 〈욕망〉이라는 제목으로 개봉했고 '주말의 명화'에서도 그 제목으로 방영했다. 왜 그런 제목을 붙였는지 궁금하지만 아

●○ 한국의 3대 사찰 중 하나인 통도사에는 여러 시대에 걸쳐 만들어진 시간의 궤적이 바탕에 깔려 있다.

직까지 알아내지는 못했다. 영화의 배경은 영국이고 내용은 잘나가는 사진작가가 겪는 일상적이지 않은 작은 사건이다.

세상에 존재하는 것을 사진기에 담는, 그래서 뭐든지 실재하는 것만을 믿는 토머스는 성공한 사진작가다. 패션 사진을 전문으로 찍는데 그에게 사진 찍고 싶은 모델들이 줄을 서서 기다린다. 그는 대상에게 냉정하게 대하고, 수단과 방법을 가리지 않고 최고의 사진을 뽑아낸다. 자신의 분야에서 성공한 후 허탈해진 그는 일탈을 꿈꾼다. 그는 다큐멘터리를 찍고 싶어 한다. 그는 정열이 빠진 듯 멍한 눈초리로 여기저기를 돌아다니며 풍경과 사람들을 사진에 담는다.

어느 날 우연히 들른 공원에서 연인으로 추정되는 남녀를 보게 되고, 무의식적으로 사진을 찍는다. 사진이 찍혔다는 것을 눈치 챈 여자가 그를 쫓아온다. 집요하게 필름을 요구하는 여자에게 그는 가짜 필름을 넘겨준다. 그리고 집에 돌아와 공원에서 찍은 필름을 인화해본다. 그 사진 안에는 그가 본 남녀가 있다. 그리고 그 자리에 있을 때는 몰랐던 상황이 보인다. 나무 뒤에 총을 든 남자가 있었던 것이다. 그는 사진을 계속 확대해본다. 숲속에 누워 있는 남자의 발이 보인다. 다음 날 아침 그는 공원으로 달려간다. 공원의 나무 밑에 시체가 있다. 그러나 사진기를 가지고 가지 않아 그것을 기록하지 못한다. 집에 돌아와 보니 그가 찍은 사진들이 사라졌고, 다시 사진기를 들고 공원에 가지만 시체는 이미 없어졌다.

　허탈하게 돌아가는 그의 등 뒤로 공원에서 팬터마임을 하는 한 무리가 있다. 그 무리는 영화의 첫 장면에서도 나타났는데, 토머스는 처음에는 그냥 지나쳤다. 말을 하지 않고 동작만 하는 팬터마임 배우들은 테니스장에서 테니스 치는 모습을 연출하고 있다. 그것은 진짜가 아니고 허구다.

　토머스는 눈에 보이지 않는 것은 믿지 않는 사람이다. 그러나 그는 죽음을 보았고 죽음을 기록했지만, 어디에서도 자신이 본 것을 증명할 수 없다. 허무하게 걸어가는 그를 테니스장 안에 있는 팬터마임 배우들이 부른다. 울타리 밖으로 넘어간 공을 주워달라는 것이다. 그는 보이지 않는 공을 주워서 그들에게 던지고 돌아선다. 그리고 공이 라켓에 부딪치는 소리가 나며 영화는 끝이 난다.

　이 영화가 말하고자 하는 것은 분명하다. 우리가 보이는 것에 대해 당연하게 가지는 믿음이 과연 합당한가 하는 것이다. 존재한다는 것은 무엇인가? 우리의 눈에 보이지 않지만 존재하는 것은 과연 무엇인가?

모든 형상은 모양이 없다

나는 몇 년째 『금강경』을 돌에 새기고 있다. 그림을 그리고 낙관을 찍으려고 일종의 취미로 전각篆刻을 시작했는데, 무엇인가를 가장 천천히 읽는 것은 필사하는 것이라는 이야기를 들은 적이 있다. 그렇다면 돌에 새기는 것은 '가장 천천히', 더 느린 속도로 불경을 읽는 행위라고 생각한다. 5,000자가 넘는 『금강경』을 7년에 걸쳐 5분의 4 정도 새겼으니 앞으로도 1년은 더 새겨야 할 판이다.

『금강경』은 석가모니가 어느 날 탁발을 하고 발을 씻고 마음을 차분히 정리한 후 기원정사에 앉아서 그가 아끼는 제자 수보리에게 하는 이야기다. 『금강경』은 공空 사상으로 이루어진 대표적인 불교의 경전이다.

여러 차례에 걸쳐 공空과 무無가 반복되는 『반야심경』과는 대조적으로, 『금강경』에는 공이라는 말이 나오지 않는다. 『금강경』에서는 공을 이야기하지 않으면서 공을 설파한다. 그 대신 상相이라는 개념이 많이 나온다. 여기에서 이야기하는 상은 사물을 인식하는 틀을 말한다. 누구나 어떤 사물이나 존재를 바라보면 그에 대한 이미지나 개념을 머릿속에 떠올리게 된다. 그때 생긴 개념이나 이미지를 상이라고 한다.

그런데 그런 상을 만드는 것은 다시 말해 인식의 프레임을 만드는

● ○ 통도사 대웅전에는 석가모니가 없다. 마땅히 있어야 할 대웅전 대좌에는 빈 방석이 하나 놓여 있다.

것이다. 그런 프레임은 자칫 인식을 틀 안에 가두게 되고, 사물의 본질을 깨닫는 데 큰 장애가 되는 것이다. 그런 프레임을 걷어낼 때 진정한 깨달음을 얻게 된다는 그런 이야기라고 추정한다. 나는 느리고 둔한 독서로 천천히 그 깊은 의미를 이해하려고 노력하는 중이다.

"모양을 가지고 있는 모든 것은 허망한 것이니, 모든 형상이 모양이 없는 것임을 알게 되면 진정한 깨달음을 얻게 된다凡所有相 皆是虛妄 若見諸相非相 卽見如來."

결국 상은 상이 아니고, 존재가 없음을 알게 될 때 진리를 깨우치게 된다는 이야기라고 생각한다. 『금강경』에서 석가모니는 여러 차례 그 이야기를 강조한다. 그런 면에서 볼 때, "상이 없음"을 이야기하는 경전을 돌에 새기는 나의 행위는 참으로 무의미하고 허무하기까지 하다. 없음을 이야기하기는 정말 쉽다. 책임 회피로도 쓰이고 얼버무릴 때도 많이 쓰인다. 그러나 없음의 의미를 알기는 무척 어렵다.

◢ 석가모니도 없고 미륵불도 없다

내가 알기로 가장 강력한 부재를 볼 수 있는 곳은 통도사다. 통도사는 경남 양산에 있다. 나는 그곳에 여러 번 갔다. 그래서 그곳을 무척 잘 안다고 생각했다. 활달한 배치나 각 전각의 구성도 알고 있고 공간의 분위기도 잘 안다고 생각했다.

몇 년 전, 그 근처에 집을 짓고 있어서 현장에 갔다가 나오는 길에 들렀다. 그런데 10여 년 만에 가본 통도사는 내가 아는 통도사가 아니었다. 좋은 소설이 읽을 때마다 다른 감동을 주는 것처럼, 오랜만에 본 통도사는 내가 그전에는 보지 못한 다른 모습으로 앉아 있었다. 그동안 내가 본 통도사는 통도사의 한 부분에 지나지 않았던 것 같았다.

통도사는 신라 선덕여왕 15년(643년)에 자장율사慈藏律師, 590?~658?

가 창건한 절이다. 영축산 아래 당나라 오대산에서 문수보살에게서 받아온 진신사리를 모신 절이고, 통도사라는 이름은 '산의 모습이 인도의 영축산과 통한다此山之形 通於印度靈鷲山形'라는 의미라고 한다. 다시 말해 불교의 정통성을 지니고 있는 절이라는 의미를 크게 강조한 듯하다.

통도사는 우리나라의 삼보 사찰 중 하나로, 승보 사찰 송광사, 법보 사찰 해인사와 더불어 부처님의 진신사리를 모시는 불보 사찰이다. 경내에 무척 많은 집을 세워 불교에서 이야기하는 모든 부처와 보살을 모시는 곳이다. 즉, 과거불·현세불·미래불까지 다 모셔져 있어 말하자면 불교에서 이야기하는 만다라가 구현되는 곳이다.

그런데 그곳의 핵심에는 '부재'가 존재한다. 부재가 존재한다는 것은 엄청난 패러독스다. 존재하지 않음으로써 가장 강력한 존재를 보여주는 곳이 바로 통도사다. 통도사 대웅전에는 석가모니가 없다. 마땅히 있어야 할 대웅전 대좌에는 빈 방석이 하나 놓여 있다. 방금 앉아 있다 떠난 듯 온기도 느껴지고 방석에 앉은 자국까지 있는 것처럼 느껴진다.

그것은 통도사에 부처님의 진신사리를 보관한 탑이 부처님의 방석 너머에 있기 때문이다. 대웅전 너머, 통도사의 가장 깊은 곳에는 진신사리를 모신 금강계단이 있다. 부처가 항상 그곳에 있다는 상징성을 띠고 있는 곳이기 때문에 굳이 대웅전에 불상을 모실 필요가 없는 것

●○ 통도사의 가장 깊은 곳에는 진신사리를 모신 금강계단이 있다. 부처가 항상 그곳에 있다는 상징성을 띠고 있는 곳이기 때문에 대웅전에 불상을 모실 필요가 없는 것이다.

이다.

통도사는 상로전·중로전·하로전, 세 개의 영역으로 구성되어 있다. 각 영역이 가지고 있는 건축적인 표현은 분방하고 여러 시대에 걸쳐 만들어진 시간의 궤적이 바탕에 깔려 있으며, 불교의 핵심 사상과 한국의 독특한 종교적 태도가 자연스럽게 어우러져 있다. 또한 그 중심에는 '부재의 미학'이 아주 자연스럽게 놓여 있다.

현세불인 석가모니는 텅 빈 대웅전(상로전)의 방석으로 표현되어 있고, 앞으로 나타나 사람들을 구제할 예정인 미래불인 미륵불은 용화전(중로전)에 있다. 물론 용화전 안에는 미륵불의 불상이 있기는 하지만, 그 불상보다 용화전 앞에 놓여 있는 돌로 만든 봉발탑이 특이하다. 봉발탑은 석가모니가 제자인 가섭에게 열반에 들지 말고 이것을 앞으로 올 미륵불에게 전하라고 한 그 밥그릇이다. 그래서 통도사에는 석가모니도 없고 미륵불도 없다.

간혹 건물을 중창한 사찰들을 가보면 으레 새로 지은 반듯한 전각

● ○ 용화전 앞에 놓여 있는 돌로 만든 봉발탑은 석가모니가 제자인 가섭에게 열반에 들지 말고 이것을 앞으로 올 미륵불에게 전하라고 한 그 밥그릇이다.

과 불상이 기존의 가람과 어색하게 어깨를 나란히 하거나 오히려 더 큰 덩치를 자랑하며 보는 이들을 압도하기도 한다. 그 '상'이 영화 속의 사진작가가 보이지 않는 것을 믿지 않았듯이, 불안한 현실의 바다를 건너는 사람들에게 가장 단순하고 쉬운 방법으로 종교적 믿음을 이끌어내는 장치임은 부정할 수 없다. 그에 비해 상을 없앰으로써 깨달음에 이르고자 하는 통도사에서는 부재의 건축을 통해 진리로 통하는 길을 보여준다. 없음은 가장 강력한 존재의 방식이다.

티끌에도 세계가 있다

해인사

모든 것이 곧 하나다

"하나 안에 모든 것이 있고, 많은 것 안에 하나가 있다. 하나가 곧 모든 것이며, 모든 것이 곧 하나다—中一切 多中— 一即一切 多即—."

이 말은 『화엄경』의 가장 핵심적인 문장이라고 한다. 경전들이 대부분 그렇듯 무슨 말인지 알 것 같기도 하다가도 무슨 말인지 알 수 없는 모호한 말이다. 하늘의 그물처럼 온 세상을 다 덮으면서도 성긴 틈으로 의미가 빠져나간다.

불교에서 이야기하는 부처라는 존재는 우리가 알고 있는 석가모니 뿐만이 아니다. 그 수를 헤아릴 수 없이 많은 부처가 있다. 그리고 부처의 '말씀'을 담은 경전도 많고, 그 종파도 무수히 많다. 그렇지만 그 말씀들과 그 부처들이 우리에게 전하는 메시지는 오로지 하나이고, 그것이 불교의 핵심 사상이라고 한다. 그것이 무엇인지는 몇천 년 동안 여러 스승이 나타나 우리에게 이야기했지만 알아듣지 못한다.

그것은 『화엄경』에서 이야기하는 '일중일체 다중일 一中一切 多中一'과 맥락을 같이하는 것 같다. 우리 삶 안에 진리가 있으며 진리는 우리의 삶으로 이루어진다. 그러나 우리는 그 진리를 옆에 두고도 멀리멀리 돌아간다는, 아마 그런 이야기가 아닐까 생각한다. 그리고 많은 스승이 중생을 보며 참 답답해하고 있을 것이다.

'화엄'은 살아 있는 것들과 그냥 존재하는 삼라만상과 그 존재를 둘러싸며 일어나는 모든 현상이 서로 긴밀히 연관되어 있다는 생각이다. 그래서 '하나가 일체요, 일체가 곧 하나'여서 우주 만물이 서로 원융하여 조화를 이룬다는 것이다. 한반도를 제패하고 새로운 시대를 열고자 했던 신라는 이 사상을 통해 사회를 통합하거나 화합하려고 했다.

지금 우리나라에는 조계종이 주류지만, 예전에는 사뭇 달랐다. 지금의 종파는 선종이지만 신라시대에는 교종인 화엄종이 주류였다고 한다. 우리나라에 화엄종을 들여오고 널리 퍼뜨린 사람은 신라시대의

● ○ 불교에는 그 수를 헤아릴 수 없이 많은 부처가 있다. 그리고 부처의 말씀을 담은 경전도 많고, 그 종파도 많다. 화엄종의 주존불인 비로자나불을 모신 대적광전.

승려인 의상이다. 의상은 당나라로 유학해 화엄종을 배워와 우리나라에 퍼뜨렸다. 그는 당시의 왕인 문무왕의 후원을 받아 전국에 사찰을 지었고 후진을 양성했다.

의상이 화엄의 근본원리를 210자의 핵심 문장으로 정리한 것이 '법성게'다. 그중 가장 인상적인 대목은 "작은 티끌 안에도 세계가 들어있다一微塵中含十方"는 대목이다. 작은 것들, 큰 것들 할 것 없이 융화되고 어우러지며, 그 통일된 하나의 세상이 이루어진다.

왕의 전폭적인 지원 덕이었는지 의상은 전국에 많은 절을 세웠다. 그것도 지금도 가기 힘든 산 깊은 오지에 차도 없고 장비도 없던 시절에 어떻게 절을 그렇게 세웠는지 놀랍다. 그중 화엄 종찰宗刹이라고 하는 영주 부석사가 있다. 그 절은 의상이 소백산에 자리를 잡았고 그의 제자들이 몇 대에 걸쳐 완성한 우리나라 가람 배치의 교과서라고 부르는 절이다. 사찰 진입의 구성이나 당우堂宇의 생김새 등이 빼어나며 무량수전 앞에서 소백산을 내려다보는 경치가 압권이다.

◭ 스님들의 기상이 넘치는 예불

요즘이야 그럴 일이 별로 없지만, 예전에는 절이나 오래된 옛집에 건축 답사를 가면 그곳에 사는 사람들이 왜 왔느냐며 의아해하기도 했다. 많이 알려진 곳에서는 "혹시 사학과 학생인가요?" 하고 묻기도 했지만, 대부분은 팔자 좋게 산천경개 유람 다니는 한량 취급을 당했다. 그러던 것이 1990년대를 넘어서며 역사적인 유적이나 고건축 답사가 온 국민이 같이 즐길 수 있는 '문화 레저'로 승격되며 그런 시선은 많이 줄기는 했다.

살림집이야 아무래도 너무 이른 시간이나 늦은 시간에 가는 일은 없지만, 절은 새벽 4시 아니면 저녁 6시 무렵 예불 시간에 맞춰가는 경우가 많았다. 새벽잠을 설치며 어두운 산길을 기어올라 열심히 다녔던 것은, 새벽이나 저녁에 절에서 듣는 예불이 세상의 어떤 음악보다도 장엄하고 감동적이었기 때문이다.

한 번 그 느낌을 알고 나면 자꾸 가게 된다. 나는 최고의 예불은 순천 송광사의 예불과 청도 운문사의 예불이라고 생각한다. 모두 스님이 많은 절이었는데, 구름처럼 모였다 흩어지며 한목소리로 읊는 염불과 의례는 정말 장관이다. 그리고 가장 인상적이었던 예불은 합천 해인사에서 보았다.

보통의 예불은 궁중에서 펼쳐지는 정악처럼 느릿하면서 기품이 있고, 그 안에 큰 리듬이 훨훨 날아다닌다. 그런데 해인사의 예불은 아주 달랐다. 오래전에 아는 분과 같이 해인사에 간 적이 있다. 그분은 나보다 한참 선배이자 한국 전통 건축을 연구하는 학자였는데, 대구에서 일을 보고 나서 마침 해인사에 자문할 일이 있어서 가야 하니 나에게 같이 가자고 했다. 저녁에 도착해서 그곳에서 하루 자야 했다.

나는 답사라면 누구에게 뒤지지 않게 다녔노라 자부했지만, 답사하는 건물에서 잠을 자거나 밥을 얻어먹어본 적이 한 번도 없었던 터라 아주 혹해서 두 말 않고 따라나섰다. 도착하니 어떤 젊은 스님이 나와서 우리를 맞아주었고, 요사채 한구석에 있는 방으로 안내해주었

● ○ 해인사 대적광전 뒤로 가파른 계단이 보이고, 그 계단을 올라서면 작은 문이 나온다. 해인사에서도 아주 특별한 장소인 장경판전이다.

다. 숱하게 다녔던 절이었지만 그곳에서 밤을 보내게 된 것은 처음이었고, 더군다나 해인사의 예불은 처음 보는 것이었다.

굉장한 기대 속에 누워서 대충 잠이 들었나 싶었는데 새벽 예불을 시작하는 소리가 들렸다. 잠자리에서 일어나 대적광전으로 갔다. 역시 큰 절이라 새벽 예불에 참여하는 스님도 많아 법당이 가득 차 있었다. 해인사의 예불은 조금 특이했다. 내가 그동안 보았던 여느 절과 다르게, 빠르고 씩씩하게 군인들이 구보하며 군가를 부르듯이 진행되었다. 물론 절마다 혹은 문중마다 분위기가 좀 다르고 예법도 좀 다르다는 것은 알고 있었지만, 해인사는 그중에서도 특별했다.

왜일까 하고 곰곰이 생각해보았다. 이런저런 생각 끝에 낸 결론은 그곳이 아마 팔만대장경을 지키는 곳이기 때문에, 그곳의 스님들의 기상이 남다르지 않았을까 하는 것이었다. 그런 절도와 용맹 속에서 나무판에 새긴 팔만대장경이 천년이 다 되도록 살아남아 있는 것 아닐까, 그런 생각을 해보았다.

◢ 화엄의 정신이 깃들다

부처님의 진신사리를 모시는 통도사는 불보 사찰이고, 국사가 16명이 나오고 정혜결사定慧結社(고려시대에 종래의 불교계가 세속화된 것에 대한 신앙적 반성에서 나온 정화 운동) 등을 통해 불교의 바른 전통을 세우는 데 이바지한 송광사는 승보 사찰이며, 부처님의 말씀을 집대성한 팔만대장경을 보관하고 있는 해인사는 법보 사찰이다.

해인사는 신라시대인 802년, 의상대사의 손자뻘 제자인 순응順應. ?~?과 이정利貞. ?~?이라는 승려가 창건한 절이다. 이름도 『화엄경』에 나오는 '해인삼매海印三昧'라는 구절에서 따왔으니 화엄의 전통이 계승된 절이라고 할 수 있다.

해인사의 가장 핵심이라 할 수 있는 해인사 장경판전은 해인사의 제일 안쪽 높은 언덕에 있다. 화엄종의 주존불인 비로자나불을 모신 대적광전 뒤로 가파른 계단이 보이고, 그 계단에 올라서면 작은 문이 나온다. 해인사라는 사찰의 영역에서도 아주 특별한 장소이며, 안으로 깊이 들어가는 절의 종적인 결이 갑자기 옆으로 넓어지는 횡적인 결로 바뀌는 곳이다. 그래서 계단을 오르면 두 개의 건물로 바로 진입하게 된다. 당연히 공간은 옆으로 길고 앞으로는 얕아진다. 그 문으로 들어서면 덩치가 큰 건물이 바로 앞으로 바짝 다가서 있다. 그곳이 팔만대장경을 보관하고 있는 건물이다.

장경판전은 폭이 60미터이고 깊이가 9미터 정도 되는 긴 건물인데, 가운데 긴 마당을 두고 나란히 놓여 있다. 앞에 있는 건물이 수다라장이고, 뒤에 있는 건물은 법보전이다. 그 안에는 1,500여 종의 경전이 8만 1,258개의 판에 5,200만 자의 글씨로 새겨 보관되어 있다.

연간 기온차가 무척 크고, 습도의 차이도 큰 우리나라의 가혹한 기후에서 어떤 기계적인 장치의 도움도 없이 천년의 세월을 아무런 문제없이 잘 지켜내고 있는 대단한 집이다. 그 비결은 과학적인 공간 구성에 있다고 한다. 우선 건물의 형태가 바람이 잘 통하는 얇은 집이고, 집이 앉은 땅이 높고 건물과 건물 사이가 좁아 바람의 유속이 빠르다. 건물의 앞면과 뒷면의 창의 크기가 달라서 일종의 굴뚝 효과를 만든다. 남쪽과 북쪽에 위아래 두 개의 창이 쌍으로 달려 있는데, 남쪽은 아래가 크고 위가 작고, 북쪽은 그 반대다. 그래서 바람은 남쪽 아래 창으로 들어오고 내부의 경판을 쌓아놓은 서가를 거쳐서 북쪽 작은 창을 통해 빠져나간다.

바닥은 숯과 소금과 횟가루를 모래와 찰흙에 섞어놓은 흙으로 다져놓아 방부와 방충, 습도 조절을 하도록 되어 있다. 또한 목재로 지은 건축물의 치명적인 약점인 화재에 대비하기 위해 해인사 경내의 다른 전각들과 높이 차이가 많이 나는 기단 위에 놓아서, 화재 시에도 불이 번지지 않도록 떨어뜨려두었다. 실제로 그동안 해인사에 몇 번의 큰 화재가 있었지만, 장경판전은 피해를 입지 않았다고 한다.

해인사 장경판전은 그렇게 아주 과학적이고 합리적인 사고로 계획되고 구현된 곳이다. 높은 입지와 바람의 흐름을 조절하는 공간의 배치는 이 건물이 완벽하게 본연의 기능을 다하도록 만들어주었다.

● ○ 장경판전에는 1,500여 종의 경전이 보관되어 있는데, 화재 시에도 불이 번지지 않도록 다른 전각들과 떨어뜨려두었다. 장경판전(위)과 팔만대장경판(아래).

그러나 장점이 있으면 단점도 같이 따르는 법이다. 그 단점은 건물이 가로로 길기 때문에 깊이가 얕다는 것이다. 일반적인 건물이라면 큰 문제가 되지 않겠지만, 이 건물은 불교에서 가장 중요한 부처님의 말씀을 보관하는 집이며 해인사에서도 가장 위계가 높은 곳이다. 계단을 올라 한눈에 그 끝이 보이며 실제로도 몇 걸음 걷지 않아도 끝에 도달하는 입지는 분명히 큰 약점이다.

그래서 이곳을 설계한 사람은 공간에 깊이를 주기 위해 특별한 장치를 했다. 깊이가 얕아 짧은 진입 공간에 여러 개의 켜를 만들어 심리적 깊이를 만든 것이다. 계단을 올라 문을 통해 안을 들여다보면 수다라장을 거쳐 법보전까지 가는 중간에 팔만대장경, 장경각, 보안당, 법보전 등 여러 개의 현판이 차례로 보인다. 그리고 아코디온의 주름처럼 여러 개의 문이 중첩되고 기둥과 보가 중첩되어 한없이 수렴되는 무한히 깊은 공간과 같은 시각적인 착각을 하게 만들어놓았다.

그 안으로 들어가는 시간은 무한히 늘어나고 "하나 안에 모든 것이 있고, 많은 것 안에 하나가 있다"는 말의 의미가 굳이 이해하려 하지 않아도 정신과 몸에 새겨진다. 그렇게 그곳은 건축을 통해 읽는 가장 효과적이며 가장 감동적인 경전이 된다.

부처의 세상을
함께 만들다

부석사

△ 가장 오래된 목조 건축물

몇 년 전, 영주 부석사浮石寺 근처에 지을 집을 설계해달라는 의뢰
를 받았다. 건축을 하면서 정말 직업 선택을 잘했다고 느낄 때는 바로
좋은 땅을 만날 때다. 다양한 사람을 만나듯 다양한 표정과 다양한 품
성을 지닌 땅을 만나고, 그 땅과 묘한 화학 반응을 일으키며 설계를 하
고 건물이 지어질 때 즐겁고 행복해진다.

지도로만 봐도 그 땅은 아주 훌륭한 곳이었다. 땅을 보러 새벽에

길을 떠났다. 내비게이션에 주소를 입력하니 200킬로미터 거리이고 2시간 남짓 걸린다고 나왔다. 그사이 세상은 많이 짧아졌다. 물론 물리적인 거리가 짧아진 것은 아니고 여기저기 도로를 많이 만들다 보니 예전에 발길이 닿기 힘든 곳도 이제는 아주 간단하게 오고 간다. 물론 그런 편리로 인해 잃는 것도 많지만……

이른 아침에 부석사 바로 옆에 있는 북지리에 있는 땅을 먼저 구경하고 부석사로 향했다. 사과꽃이 하얀색 꽃망울을 터뜨리고 있었고 어떤 꽃보다도 예쁜 새잎들이 나무마다 주렁주렁 열려 있는 아주 싱그러운 아침이었다.

주차장에 차를 세워놓고 산길을 올랐다. 아직 관광버스가 올 시간이 아니어서 사람들이 별로 없었다. 높다란 일주문을 지나고 은행나무가 도열하고 있는 경사진 흙길을 걸어올라가다 보면 갑자기 당간지주가 나온다. 당간지주는 원래 절의 경계 밖에 놓여 있는 것이다. 당간지주에는 높다란 깃대처럼 생긴 당간이 고정되고, 당간의 끝에는 절의 위치, 상징, 경계를 나타낸다는 그림들이 그려져 있는 깃발이 걸린다. 그 깃발은 '번幡'이라고 부른다. 그러고 보면 지금의 일주문은 사실 위치가 잘못된 것이다.

그리고 석단이 시작된다. 여러 가지 크기의 돌들을 모아 쌓아놓은 석축은 우리나라에서도 무척 아름다운 석축 중 하나로 꼽힌다. 경사

●○ 여러 가지 크기의 돌들을 모아 쌓아놓은 석축은 무척 아름답다. 그 크고 작은 돌들이 만들어내는 아름다운 화음은 천상에서 천사들이 부르는 노래 같다.

지를 정리하며 생긴 석단을 받치고 있는 이 석축은 큰 돌과 작은 돌이 조화롭게 놓였고, 잘 다듬은 돌들이 아니라 주변에 널려 있는 돌들을 솜씨 있게 쌓아놓은 듯하다. 이를테면 작위를 감춘 작위라 볼 수 있는데, 그 크고 작고 다양한 석질을 돌들이 만들어내는 아름다운 화음은 천상에서 천사들이 부르는 노래 같다. 또 크기나 모양이 다양한 돌의 결합은 화엄이라는 어렵고 알 듯 모를 듯한 불교의 이론을 시각적으로 완벽하게 설명해준다.

　석축을 오르는 것은 절로 들어가는 것이고, 한 단계씩 인간이 업그레이드되는 과정이다. 오르고 오르면 그 끝에는 무량수전이 있고 그 아래 삼라만상이 발아래 펼쳐지는 부처님의 세상이 되는 것이다. 그래서 나는 부석사라는 절은 모든 것을 떠나 그 자체로 한 권의 훌륭한 경전이라고 생각한다.

　"하나 안에 모든 것이 있고, 많은 것 안에 하나가 있다. 하나가 곧 모든 것이며 모든 것이 곧 하나다─中一切 多中─ 一卽一切 多卽─. 작은 티끌 안에도 세계가 들어 있으니, 모든 티끌마다 이와 같도다─微塵中 含十方 一切塵中亦如是."

　부석사의 경치야 말할 필요도 없고 부석사 건축의 빼어남도 말을 보탤 필요가 없다. 신라 말에서 고려까지 건설된 이 위대한 건축은 의상대사의 화엄에 대한 생각이 절의 배치에서부터 석축의 모양까지 녹아들어가 있다. 부석사는 신라 말 문무왕 대(661~681년)에 의상대사가 창건한 절이다. 물론 처음부터 지금과 같은 규모의 절은 아니었다고 한다. 이곳은 신라의 변경이었고 군사적인 요지였다고 하는데, 의상대사의 제자들이 큰 스님이 되고 신라가 삼국을 통일하며 점점 규모가 커졌고, 특히 고려시대에 중창하며 지금의 모습이 갖춰졌다. 무량수전은 봉정사 극락전과 더불어 우리나라에서 가장 오래된 목조 건축물이고 그 현판은 잘 알려진 대로 고려 공민왕의 글씨다.

천상의 소리처럼 황홀하다

가끔씩 건축가들을 대상으로 건축물의 선호도에 대한 설문조사를 한다. 그때 우리나라의 수많은 전통 건축 중에서 늘 제일 앞자리에 나오는 곳은 바로 영주 부석사와 안동 병산서원이다. 한국 전통 건축의 대표선수 같은 두 곳은 모두 경치가 빼어난 곳에 자리를 잡았고, 그 경관을 극대화하는 대단한 건축 설계로 사람들을 매혹시킨다. 언제나 그곳에는 사람들이 끊이지 않고 찾아간다.

나는 외려 유명한 곳에는 자주 가지 않는다. 왜냐하면 어릴 때 어린이날에 어른들의 손을 잡고 창경원에 갔다가 사람의 파도에 휩쓸려 조난을 당해본 이후, 사람이 많은 곳을 싫어하게 되었기 때문이다. 그래서 답사를 가더라도 비수기에 가거나 사람들이 없는 이른 새벽이나 저녁 늦게 간다.

예전에 송광사에 갈 때도 그랬다. 길에서 시간을 보내다가 사람들이 구경을 마치고 저녁 식사를 하러 돌아가는 시간에 맞춰 들어갔다. 오후 6시 무렵이었는데 대웅전 마당에 가득했던 관광객들이 하나둘

하교를 서두르는 초등학생처럼 경내를 빠져나가는 시간이었다. 하늘은 황금빛으로 조금씩 붉어지고 있었고, 마당은 정말 그 시간의 초등학교 운동장처럼 정적이 감돌았다.

해는 하늘에서 땅으로 들어가며 높이 앉아 있는 관음전의 얼굴을 수평으로 환하게 비추었다. 처마의 그늘이 사라져 관음전이 이를 드러낸 채 환하게 웃고 있는 것 같았다. 나는 그 시간의 한적함을 마당 한 구석에 앉아서 즐기고 있었다.

어디선가 '댕댕댕' 하며 쇠를 두드리는 소리가 들려왔다. 저녁 예불 시간이었다. 운판을 두드리는 소리로 저녁 예불의 문이 열리더니 여기저기에서 스님들이 두 손을 합장하고 줄지어 경내로 들어왔다. 대웅전 마당에 남아 있던 관광객들은 스님들의 기세에 밀려 조용히 구석으로 물러났다.

스님 몇 분이 범종과 법고가 있는 범고루로 올라가 법고를 두드리기 시작했다. 졸고 있던 절이 벌떡 일어나 활개를 치는 것 같았고, 조용하던 절에 활기가 넘쳐흘렀다. 화려한 저녁 햇살과 더불어 손님들에게 잠시 맡겨졌던 절이 주인에게 다시 돌아오는 것 같았다.

나는 그 감동을 잊지 못하고 여기저기 새벽이나 저녁에 예불을 들으러 참 많이 다녔다. 송광사처럼 예불이 아주 화려하고 장엄한 곳도 있고, 운문사처럼 단아하면서도 신비로운 느낌을 주는 곳도 있다. 무

● ○ 스님들이 범고루로 올라가 법고를 두드리자 절이 벌떡 일어나 활개를 치는 것 같았
다. 비로소 손님들에게 잠시 맡겨졌던 절이 주인에게 다시 돌아왔다.

척 오래된 그 장엄한 의식에 참여하고 있으면 천상의 소리를 듣는 듯
황홀하기도 했다.

　절에서 잠을 자고 새벽 예불에 참석하면 참 좋겠지만, 느닷없이 하
루 묵게 해주십사 하는 말이 입에서 나올 리 없다. 절 근처의 여관에서
잠을 자고 새벽 3시에 어둠 속에서 더듬더듬 산길을 오른다. 잠을 덜

깬 채로 맞는 새벽바람은 더욱 서늘하게 파고드는데, 산문을 넘어 절 마당으로 들어서 예불이 이루어지는 대웅전의 불빛을 만나면 거짓말처럼 포근한 온기가 몸을 녹여준다.

예불로 가장 기억에 남는 절을 생각해보니, 뜻밖에도 부석사다. 송광사를 다녀온 직후이니 이것도 20년이 훨씬 넘은 이야기다. '화엄 종찰이고, 모든 건축가가 제일 좋아하는 부석사는 예불도 대단할 거야.' 그렇게 생각하고 저녁 예불 시간에 맞춰 부석사를 찾아갔다. 그때 부석사로 가려면 지금과 달리 원주까지 가서 산 넘고 물 건너 이화령 구비구비 고개를 넘어서 가야 했다. 중간에 쉬기도 하며 가니 5시간이 넘게 걸렸다.

◢ 성과 속이 함께 있다

그때는 초여름이었는데 비수기였는지 절 안에는 방문객이 아무도 없었다. 그래서 우리는 느긋하게 장엄한 부석사의 석단을 오르내리며 아름다운 석축을 감상하고, 범종루를 지나면 쿵하며 나타나는 안양루와 무량수전의 장관을 보기도 하고, 안양루 기둥에 기대서서 어디로 가는지 씩씩거리며 달려가는 소백산의 연봉을 보기도 하면서 예불을 기다렸다.

예불을 시작하려는지 스님 세 분이 범종루로 올라갔다. 한 분씩 운판을 두드리고 목어의 뱃속을 훑고 법고를 치기 시작했다. 그 스님들과 범종루 바로 앞에 참하게 앉아서 구경하는 우리 부부, 그날 저녁 부석사 절 마당에는 그렇게 5명만 있었다.

스님들은 젊은 분들이었다. 법고를 두드리는 분 뒤에 서 있는 스님에게 목어를 두드리고 온 스님이 이야기를 건넸다. 일부러 귀를 쫑긋 세우고 들으려 한 것은 아니었는데, 주변에 아무런 소음이 없었던지라 두 분의 대화가 너무나 잘 들렸다.

그 대화는 그날 있었던 일이었다. 아마 지나가는 어떤 스님이 문득 부석사에 들어와서 며칠 묵어가겠다고 한 모양이다. 아마 추정하건대 이 자리에 있지 않은 스님 한 분이 그러라고 하며, 그 스님들에게 돌봐주라고 한 모양이다. 부석사가 워낙 유명한 곳이고 경치가 좋은 곳이라 지나다 들르는 방문객이 꽤 많았을 것이다. 그 일에 대해 두 스님이 곤란해하며 주고받는 인간적인 두런거림과, 천상의 소리인 법고와 범종 소리와 더불어 깊고 깊은 산사의 노을은 검은색으로 옷을 갈아입고 있었다.

물론 더 자세한 이야기를 듣지는 않고 무량수전으로 들어가 불꽃 광배光背(회화나 조각에서 머리나 등의 뒤에 광명을 표현한 원광圓光)를 등지고 앉아 있는 엄격하게 생긴 아미타불에게 인사를 올리고 예불에 참석했다. 이후에도 많은 예불을 구경하고 참석했지만, 내게는 그날 부석사의 저녁 예불이 가장 좋았다. 성과 속이 같이 있는 듯한 그런 분위기가 좋았고, 또한 스님들의 인간적인 느낌이 아주 좋았다.

신이 되지 못하는 인간들이 찾아가는 곳이 절이고, 그 인간의 어수룩함을 포근하게 감싸주는 것이 종교라고 생각한다. 아마 부석사 무량수전에 동향을 하고 앉아 계시는 아미타불도 그 소리를 들었던지 빙그레 웃고 있었던 것 같다. 그 이상 무엇이 필요하겠는가? 종교의 역할은 그렇게 사람의 이야기를 들어주고 기댈 곳을 주는 것이 아닌가, 그런 생각을 했다.

그런 느낌은 오래전 익산에 있는 숭림사라는 절에 갔을 때도 느꼈다. 아주 추운 겨울날 지도를 보고 더듬더듬 찾아들어갔다. 추위에 덜덜 떨며 산길을 한참 걸어들어가니 멀리 양지바른 곳에 건물이 몇 채 단아하게 앉아 있었다. 깊은 산속을 헤매다 불빛이 반짝거리는 외딴 오두막을 발견한 것처럼 반가웠다. 절의 영역으로 들어서니 아랫목처럼 햇살이 따뜻했다. 추운 겨울날이고 평일이어서 그런지 사람은 보이지 않았다.

절 마당으로 들어가 보광전을 보고 어슬렁거리는데, 저쪽 요사채로 보이는 곳에서 사람들이 떠드는 소리가 왁자하게 들려왔다. 가만

●○ 사람들의 소리가 들리는 건축, 사람들의 이야기를 담는 건축은 언제나 감동을 준다.
부석사 무량수전(위)과 안양루(아래).

히 들어보니 어떤 남자가 무어라 이야기하고 있고 여러 명의 여자가
그 이야기에 호응하며 웃고 있는 소리였다. 추측하건대 절에 스님과
신도들이 모여 이런저런 이야기를 즐겁게 하는 듯했는데, 엄숙하고 지
엄한 절의 분위기라기보다는 명절에 찾아간 큰댁처럼 푸근했다.

추운 겨울날 절에 동네 사람들이 모여 이야기하고 마음에 쌓인 때
를 닦고 구겨진 마음을 펴는 그 풍경은, 직접 보지는 못했지만 본 것처
럼 눈에 생생했고 세속에 찌든 내 마음까지 맑아지는 느낌이 들었다.
사람들의 소리가 들리는 건축, 사람들의 이야기를 담는 건축은 언제나
그렇게 감동을 준다. 부처님 오신 날을 보내며 문득 내가 가보았던 절
에 대한 여러 가지 기억을 떠올려보니, 추운 날 우리를 녹여준 따뜻한
햇살만큼이나 온기가 저절로 느껴졌다. 그렇게 찾아든 사람들을 녹여
주고 감싸 안아주는 곳, 그런 게 종교의 바른 모습이 아닐까 싶다.

제2장

미래를 보다

#내소사 #선운사 #실상사 #무위사

존재하는 것은
순환한다

내소사

△ 시작이 끝이 되다

나는 결말을 위해 무섭게 달려가거나 혹은 결말을 가지고 독자와 일종의 게임을 하는 이야기의 구조보다는, 오히려 이야기의 공간에 머물며 같이 이런저런 대화를 하는 방식, 즉 방향 없이 그냥 그 안에서 크게 원을 도는 구조의 이야기를 좋아한다.

그런 내 취향에 맞는 소설가를 10여 년 전에 발견했다. 배수아라는 작가의 「올빼미의 없음」이라는 단편소설을 우연히 읽었는데, 무슨 이야기를 하는지 어디로 향하는지 모호한 내용의 그 소설을 읽고 굉장히 흥미를 느꼈다. 그의 소설을 읽기 위해서는 일단 줄거리에 대한 집착을 버려야 하고, 이야기들 간의 인과관계를 고정적인 시각에서 파악하려 들지 말고 그냥 순수하게 읽어 내려가야 한다. 그러다 보면 산길을 헤매다 누군가가 심어놓고 간 허술한 안내판을 발견하듯이 약간의 힌트를 얻게 된다. 우리는 그 안내판을 읽으며 열심히 가던 길을 가야 하는 것이다.

배수아는 독일과 서울을 왔다 갔다 하면서 글을 쓴다고 했다. 『서울의 낮은 언덕들』이라는 책을 사서 읽어보았는데, 역시 기대했던 대로 방향도 없고(물론 내가 보기에는), 건조한 문체에 심지어 외국 작가의 소설을 한국어로 번역한 듯하기도 해서, 읽는 중간중간 나는 어디론가 다른 곳으로 흘러가버리고 있었다.

주인공 경희는 이름도 생소한 '낭송 전문 배우'이고, 그녀는 낯선 나라에 온다. 그녀는 자신의 과거 독일어 선생이 죽음을 앞두고 있다는 소식을 듣고, 즉흥적이며 피할 수 없는 방황을 시작한다. 그리고 베를린이라고 추정될 뿐 정확하지 않은 독일의 어느 도시에서 많은 사람을 만나지만 그들의 정체도 명확하지는 않다. 화자도 모호하고 주인공도 모호하고 배경도 모호하다. 모든 장소가 겹치고, 심지어는 주인공마저도 겹친다. 그저 크게 연관이 되지 않는 듯한 문장들이 서로 걸

ⓒ 박영채

ⓒ 박영채

● ○ 내소사 설선당은 지형을 이용해서 네모반듯한 안마당을 중심으로 집의 사면이 서로 맞물리며 반 층씩 올라가는 모양으로 되어 있다.

처 있을 뿐이다.

"사실은 보통 사람들은 그것을 단지 하나로, '존재의 중첩'이라고 표현하고 말 수도 있겠지요. 혹은 더욱 자세히 설명하자면 어떤 한 사람의 존재라는 것이 수많은 산과 강을 넘어 어느 정도 이상의 시간과 지리적 한계에 다다르게 되면, 그때 수많은 산은 이미 모든 하나의 세계 산이며, 그때 수많은 강물 또한 모든 하나의 세계 강으로 흘러가버리니, 그 산 안에 내가 있고 그 강물 속에 내가 있어, 그때는 어떤 존재가 내가 아니라는 사실이, 내가 그 어떤 특정한 존재가 아니라는 사실이, 내가 바로 지금의 나 자신이라는 사실만큼이나, 동시에 수억 개의 별들이 섬광 속에서 소멸하며 미친 듯이 죽어가고 있는 이 우주의 시간 전체 안에서는, 더이상 어떤 현상을 위해서도 결정적인 설명이 되어줄 수 없다는 느낌을 받았답니다."[8]

'존재의 중첩.' 나는 너이며 그이고, 나는 언니이고 딸이고, 낮은 밤이고, 그는 노바디이고 반치이고 치유사이고 마리아다. 결국 모든 존재는 중첩이 되고 서로 존재적 순환이 이루어지는 것이다. 밤은 낮을 낳고, 낮은 밤으로 들어가고, 입구는 출구가 되고, 시작이 끝이 되는 한없이 반복되는 윤회와 순환의 존재적 조건에 대한 이야기였다.

모든 차원이 서로 물려 있다

이런 이야기를 보면 생각나는 사람이 있다. 마우리츠 코르넬리스 에스허르Maurits Cornelis Escher, 1898~1972라는 네덜란드 출신의 판화가인데, 한없이 돌아가는 물길이나 계속 올라가는 계단, 바닥과 천장이 얽혀 있는 공간 등을 그렸다. 그의 그림에서는 3차원의 경계가 허물어지고 모든 차원이 서로 물려 있다. 그는 우리의 감각으로 이해할 수 없는 다른 차원의 감각을 2차원에서 구현했다. 많은 사람이 그의 그림에 놀라기도 하고, 그러면서도 어딘가에서 본 듯한 착각에 빠지기도 한다.

에스허르의 그림에서는 유클리드 기하학을 구성하는 질서 체계인 앞뒤, 좌우, 위아래, 안팎, 높낮이, 거리, 차원 등의 물리적 법칙이 모두 무시된 불가능한 공간들이 버젓이 하나의 공간 세계를 구성하고 있다. 올라가는 것 같지만 내려가고 있기도 한 순환하는 계단을 그린 〈상대성〉(1953년)이라는 그림은 우리가 공간을 인지하는 마음속의 현실과 실제 구조물이 구성되는 물리적 현실 사이의 괴리에 대한 표현이다.

〈뫼비우스의 띠 II〉(1963년)는 띠를 한 차례 비튼 다음에 양쪽 끝을 이어서 만든 고리를 개미들이 기어다니는 그림으로, 고리의 각 부분에서 보면 앞면과 뒷면이 있는 것처럼 보인다. 그러나 고리의 한 면을 줄곧 따라가면 어느덧 원점에 되돌아오기 때문에 실제로는 한 개의 면밖

● ○ 내소사는 모든 것이 더할 것도 없고 덜어낼 것도 없는 적당한 스케일을 가지고 있어 무척 아름답다. 내소사 대웅보전.

에 없다는 것을 확인하게 된다.

그저 말뿐이거나 어떤 철학적인 수사가 아닌 윤회와 순환의 공간 혹은 그런 존재적 상황은 실제로 가능한 것일까? 그런 다차원의 공간에 대해 많은 건축가가 꿈을 꾼다. 건널 수 없는 눈앞의 커다란 강을 건너듯, 울타리를 뛰어넘듯이 넘어가고 싶어 한다. 그러나 물리적으로 우리는 엄정한 중력의 지배를 받고 있고 3차원의 질서를 거스를 수 없다.

가령 네덜란드의 건축가 벤 판 베르컬Ben van Berkel(UNStudio)은 뫼비우스의 띠라는 개념을 건축에 적용한다. 〈뫼비우스 하우스〉나 〈빌라 엔엠VilLA NM〉에서, 건물은 평면과 단면을 이용해 층간의 구분을 없애면서 돌아서 회전하거나 뒤틀린다. 그런 조작을 통해 공간, 형태, 시간이 연결된 연속체로 표현되는 것이다. 이는 에스허르의 그림처럼 차원의 경계를 실제로 뛰어넘지는 못하지만, 우리에게 일반적인 유클리드 기하학에서 말하는 구조와는 다른 색다른 공간을 경험하게 해준다.

물리적으로 그런 시도는 현대 건축가들만의 꿈은 아니었던 모양이다. 우리의 오래된 건축물에서도 그런 공간의 조작과 차원의 조작이 자연스럽게 이루어지고 있다. 물론 지금의 건축처럼 요란하고 시끄러운 형태의 조작이나 시지각의 착각을 기반으로 되는 것이 아니라, 자연의 지형과 심리적인 요인을 이용해서 만들었다는 것이 다르다.

맞물리는 공간의 구조

전북 부안에 있는 내소사라는 절은 무척 아름답다. 한적하고 건강한 공기를 뿜어주는 진입로의 긴 전나무 숲길이 아름답고, 중간중간

유려하게 흐르고 있는 개울 너머로 보이는 부도밭도 아름답다. 절의 경내로 들어설 때 마주치는 우화루와 그 뒤로 조각 같은 바위산을 배경으로 장엄하게 서 있는 대웅보전과 대웅보전 앞에 시원하고 정갈하게 펼쳐진 마당……. 모든 것이 더할 것도 없고 덜어낼 것도 없는 적당한 스케일을 가지고 있고, 정연한 건축적 조형미와 섬세한 공예적 감각이 듬뿍 뿌려진 곳이다.

대웅보전 옆으로 커다란 집이 한 채 보인다. 설선당이라고 스님들이 거주하는 공간인 요사채인데, 겉에서 보기에는 그저 커다랗고 네모난 집이지만 그 안으로 들어가면 사정이 달라진다. 설선당設禪堂이란 적묵당寂默堂이나 심검당尋劍堂 등의 당호와 함께 절의 요사 편액에서 많이 찾아볼 수 있는 명칭이다. 모두 참선이나 대중들에게 말씀을 전하는 강설講說의 의미를 담고 있다.

요사란 절에서 승려들이 일상생활을 영위하는, 즉 의식주를 뒷받침해주는 공간이다. 그리고 승려들이 모여 공부하고 정진하는 곳을 승방 또는 승당이라고 한다. 본래 절이 건축적으로 발전해온 과정을 보면 제일 먼저 승방이 생겼고, 그다음에 탑, 그 후에 불당이 세워지면서 사찰 건축 공간으로서 가람이 형성되었다. 그만큼 요사나 승방은 절에서 주요한 위치를 차지하고 있는 곳이지만, 수행 공간으로서 그 특성상 공개되거나 출입이 허가되지 않는 것이 보통이라 절을 많이 다니더라도 일반인들에게는 낯선 공간이기도 하다.

내소사 설선당을 정면인 남쪽에서 바라보면, 양쪽의 크고 작은 박공지붕(양쪽 방향으로 경사진 지붕)이 집의 얼굴처럼, 혹은 산봉우리처럼 우뚝 솟아 있다. 그 두 개의 박공지붕을 이어주는 지붕면이 봉우리를 연결하는 능선처럼 펼쳐지며 뒤에 우뚝 솟은 산을 축소해서 담은 듯한 느낌을 준다. 그 뒤로 ㅁ자형 평면의 집이 들어서 있다. 절에 있는 전

ⓒ 박요체

●○ 대웅보전 옆에 있는 설선당은 스님들이 거주하는 요사채이자, 그들이 모여 공부하고 정진하는 곳이기도 하다.

각이라기보다는 조금 규모가 큰 살림집 같은 느낌이 드는 곳인데, 입구 문턱에 구부러진 부재部材를 그대로 쓴 모습도 눈길을 끈다.

대문을 열고 들어서면 바로 만나는 곳이 서쪽과 남쪽이 만나는 모서리에 있는 부엌이다. 바로 집의 마당이 나오는 것이 아니라 부엌 공간이 먼저 나오는 것이 참 특이하다고 생각된다. 어둠에 눈을 익히며 찬찬히 들여다보면 부엌을 관장하는 조왕신을 모신 부뚜막이 보인다. 그 옆으로 안마당으로 들어가는 또 다른 문이 나온다.

네모반듯한 안마당에 면해 승방들이 주렁주렁 달려 있는데, 마당과 만나는 네 방향의 표정이 무척 다르다. 툇마루가 달려 있거나, 동쪽으로 또 다른 출입구가 달려 있기도 하고, 심지어 북쪽은 2층으로 누마루가 달려 있다. 특히 이 집이 예사롭지 않은 점은 지형을 이용해서 각 면이 반 층씩 올라가는 모양으로 되어 있다는 점이다. 북쪽 아래 단에서 시작해서 면이 꺾어지는 부분마다 조금씩 올라가다 한 바퀴 돌아 다시 북쪽으로 만날 때 높이가 한 층만큼 들려 있다. 그리고 2층 높이의 누마루에 오르게 된다. 평온하게 펼쳐진 단층의 단아한 한옥에 익숙한 사람들에게는 무척 생소한 공간감이다.

우리는 흔히 전통 건축은 단층이라는 이상한 선입견을 가지고 있다. 그러나 절대적으로 그런 것은 아니다. 2층 건물도 많았고 지형이나 여건에 맞춰 입체적인 구성을 가진 집도 많았다. 내소사 설선당이 바로 그렇다. 북쪽으로 갈수록 기단을 두고 점차 높아지는 까닭에 남쪽은 높은 벽을 가진 단층 건물이지만, 북쪽과 동쪽은 2층 건물로 되어 있다. 단층 부분과 아래층은 승방과 헛간 등이 있고, 위층은 곳간으로 활용된다. 북쪽 건물의 위층은 벽이 없이 트인 마루 공간이 있는데, 양쪽 기단이 높이 차를 맞추기 위해 바닥이 한 단씩 높아진다. 그 아래층도 가운데 칸이 비어 있어 뒤쪽의 또 다른 요사채로 연결된다.

　담을 쌓고 축대를 높여 자연과 인공의 경계를 명확하고 굵은 선으로 그어놓은 것이 아니라, 자연의 흐름에 건축을 태워놓은 것이다. 경사지에 집을 지으며 땅을 긁어내거나 덧쌓지 않고 지형에 순응하며 지형의 흐름대로 집을 앉히자, 경사지가 그대로 집의 내부 마당으로 자연스럽게 흘러들어왔다. 여기에서 자연과 건축은 섞여 들어가며 각각의 존재가 충돌하지 않고 서로 중첩하게 된다.

살아 있는 이야기를
들려주다

선운사

4월의 동백꽃을 보러 갔다

내가 진짜 제대로 보고 싶은 풍경이 세 가지 있다. 동해안 바닷가의 새벽, 구름 하나 없이 맑은 바다에서 해가 경쾌하고 솟아오르는 장엄한 일출의 풍경과 늦가을 노란 은행잎으로 덮인 영주 부석사 진입로에 온 세상이 금빛으로 물드는 장엄한 일몰의 풍경과 고창 선운사 뒷동산을 빨간 동백이 온통 뒤덮는 처연하리만치 아름다운 풍경이다. 동해 일출이야 하늘이 도와야 가능한 일이지만, 나머지 둘은 조금만 신경 쓰고 부지런 떨면 못 볼 일도 아니건만, 때마다 마음만 급해지고 시간을 맞추지 못해 한 번도 이루어본 적이 없었다.

> 선운사 골째기로
> 선운사 동백꽃을 보러 갔더니
> 동백꽃은 아직 일러 피지 안 했고
> 막걸릿집 여자의 육자배기 가락에
> 작년 것만 상기도 남었읍디다.
> 그것도 목이 쉬어 남었읍디다.

　이 시는 미당 서정주가 쓴 「선운사 동구」다. 담백하지만 여운이 무척 남는다. 선운사로 들어가는 길 초입에는 미당이 쓴 육필 원고가 새겨진 소담한 시비가 서 있다. 어느 때건 봄날, 동백이 피보다도 진한 빨간색을 뿜어 올리는 장관을 기대하고 갔다가 동백을 못 보고 허무하게 내려올 때 우리는 이 시비 앞에 서게 된다. 그리고 몇 글자 되지 않는 저 담백한 시에서 위로를 받는다. 풀이 죽은 어깨를 툭툭 치며 '세상일이 다 그런 거야. 내년에 또 오면 되지' 하며 나에게 이야기해주는 것 같다. 시대가 바뀌고 사회 시스템이 바뀌어도 변하지 않는 것은 언제나 때가 올 때까지 묵묵히 기다리는 일이겠거니 하면서 남은 길을 내려온다.

　번듯해진 지금의 사하촌에 걸쭉하게 육자배기를 불러주는 낭만적
인 막걸릿집 아낙은 없다. 주차장에 그득그득 들어찬 관광버스와 쏟
아져 나오는 관광객들만 무수히 보며 시적 정취는 희미해지고 만다.
작년에도 재작년에도 그전에도 이르거나 너무 늦거나 해서, 파란 꽃망

● ○ 선운사는 백제 위덕왕 때 만든 절이며, 3,000그루의 동백나무만큼 많은 이야기와
　　보물을 가지고 있는 절이다.

울만 보고 오거나 바닥에서 색이 바란 색종이처럼 가볍고 희미해진 동백의 자취만 보았을 뿐이다.

몇 년 전에는 아예 수첩에 날짜를 새겨넣고 그날은 모든 약속을 다 비껴놓고 기다렸다. 물론 5월 초가 되어야 동백이 바닥에 깔리기 시작하는 진풍경을 본다지만, 날씨를 종잡을 수 없고 선운사에서 나에게 정보를 전해줄 사람이 있는 것도 아니기에 안전하게 꽃이 피기 시작한다는 4월 하순에 반드시 간다고 그렇게 마음을 단단히 먹고 시간을 기다렸다.

선운사는 백제 위덕왕 대(554~598년)에 만든 절이라고 전해진다. 따져보면 약 1,500년이나 된 고찰이다. 깊은 산속에 경사진 길을 한참 걸어올라가는 산지 사찰이 아니고 '이 절은 백제의 절'이라는 것을 우리에게 알리는 듯이 평지를 걸어들어간다. 사찰의 당우들도 너른 마당에 띄엄띄엄 놓여 있고, 무엇보다 언덕 뒤에 모여 있는 3,000그루의 동백나무만큼 많은 이야기와 보물을 가지고 있는 절이다.

금강석처럼 견고하고 자유롭다

선운사에 가면 제일 먼저 2명의 명필을 만나게 된다. 추사秋史 김정희金正喜. 1786~1856와 원교員嶠 이광사李匡師. 1705~1777가 그들이다.
한석봉韓石峯. 1543~1605과 더불어 대중적으로 많이 알려진 추사는 새
삼스레 설명을 붙이지 않아도 될 정도로 입신의 경지에 오른 신필神筆
이다. '추사체'라는 독특한 필법을 창안했고, 금석문 연구를 통해 다양
한 서체를 실험했고 남겼다.

그에 비해 우리에게 그다지 많이 알려지지 않은 원교는 추사보다
조금 앞서는 시대에 살았는데, '동국진체東國眞體'라고 하는 우리나라
의 독특한 서체를 완성했다. 불이 활활 타듯이 너울거리는 큰 글씨와
물고기가 유연하게 물속에서 헤엄치는 듯이 굽이치는 작은 글씨들은
보는 이의 눈을 뗄 수 없게 만든다.

그는 전주 이씨이고 왕손이었지만, 50세에 큰아버지의 역모 사건
에 연루되어 전라남도 땅끝에서도 더 들어가는 신지도로 유배되어
23년간 살다가 그곳에서 생을 마감했다. 그는 유배 중에 '원교체'를 완
성하고 아들 이영익李令翊. 1738~1780과 더불어 서예 교본인『서결書訣』
을 완성한다. 그리고 여러 군데서 요청을 받아 전라도 많은 절의 현판
을 써준다.

나는 그의 글씨를 해남 대흥사에서 처음 보았다. 대웅보전 현판과
침계루, 해탈문, 천불전 등의 현판이었는데, 글씨의 크기뿐만 아니라
너울거리는 획의 움직임이 놀라웠다. 특히 그곳에서는 추사와 연관된

일화가 유명하다. 제주도 유배길에 오른 추사가 친한 벗인 초의선사草衣禪師, 1786~1866가 주석하고 있는 대흥사에 잠시 들렀다. 거기서 원교가 쓴 대웅보전 현판을 보고 우리나라 서예를 망쳐놓은 원교의 글씨를 걸어놓았다며 초의선사의 안목을 힐난한다.

그 대신 자신의 것을 걸어놓으라고 글씨를 써주고 떠났다. 9년간의 유배를 마치고 상경길에 다시 대흥사에 들렀던 추사는 초의선사에게 그때는 자신이 잘못 보았다며 그 현판을 다시 걸어놓으라고 한다. 그래서 대흥사 대웅보전 마당에 가서 보면 원교의 글씨와 추사의 글씨가 90도 각도로 서로 비켜서 있다. 두 글씨의 차이를 확연히 느낄 수 있다. 살이 오르고 기름진 추사의 글씨와 뼈가 앙상한데 화강암이나 금강석처럼 견고하고 삐침이 날카로운 원교의 글씨가 아주 대조적이다.

원교의 글씨는 또 구례 천은사에서도 보았다. 물의 기운을 보존하는, 구렁이를 죽인 뒤 화재가 잇따르던 천은사의 현판을 물 흐르는 듯한 서체로 써주어 이후 천은사에서 화재가 나지 않고 고요한 새벽에는 물 흐르는 소리가 들린다는 바로 그 글씨였다.

또 그의 글씨를 선운사에서 보게 된다. '정와靜窩', 즉 고요한 처소라는 의미를 가진 글씨인데, 원래는 대웅보전 바로 옆 3칸짜리 작은 요사채에 붙어 있던 현판이었다. 특이하게 현판에 파란색을 입혀놓고 역시 물 흐르는 듯한 필법을 구사했지만 단아하고 가볍고 모든 번잡

● ○ 이광사의 글씨는 화강암이니 금강석처럼 견고하고 삐침이 날카롭다. 동국진체라는
글씨체를 완성한 이광사의 글씨인 선운사 '천왕문' 현판.

과 시끄러움을 잠재울 듯한 글씨였다. 자유롭고 호방한 그의 글씨만

을 보다가 정서적이며 명상적인 글씨는 무척 아름다웠다.

그러나 그 고요한 집은 선운사를 정비하며 허물어졌고, 그 아름다운 현판도 잠시 크게 지어놓은 요사채의 굵직한 문머리에 붙어 있다가 이제는 성보박물관으로 옮겨져 있다. '정와'를 보지 못하니 피지 않은 동백을 보는 것처럼 아쉽고 또 아쉽다. 그 아쉬움을 천왕문 이마에 달려 있는 원교의 친필 현판으로 겨우 달래본다.

중생의 자리에서 부처의 자리로

벚꽃길을 한참 걸어들어가 일주문에 들어서면 본격적으로 숲이 짙어지고 절에 들어가는 기분이 들기 시작한다. 오른쪽 숲속에 여러 개의 돌덩어리가 모여 있는 곳이 보이는데, 그것들은 모두 부도와 부도비들이다. 대부분 조선시대의 부도들인데 그 안에 추사 김정희가 썼다는 유명한 '백파율사비'가 있다.

백파白坡, 1767~1852는 선운사에 주석하던 큰 스님이었는데, 추사와 절친해서 썼던 것은 아니라고 한다. 오히려 추사는 그와 절친한 초의선사와 사상적으로 대립하던 백파를 '백파망증15조白坡妄證十五條'라는 글로 힐난한다. 높은 경지에 오른 사람들의 수준 높은 논쟁을 이해하기는 쉽지 않은 일이지만, 추사의 끼어듦과 그가 쓴 조목들은 논리적인 반박이라기보다는 이죽거리며 힐난하는 모습에 가깝다. 그러고 나서 원교에게 그랬듯이 나중에 다시 반성하며 정성을 다해 그에게 예를 갖춘다.

"우리나라에는 근래에 율사로서 일가를 이룬 이가 없었는데, 오직 백파만이 여기에 해당할 수 있다"로 시작되어 "가난하기는 송곳 꽂을 자리도 없었으나 기상은 수미산을 덮을 만하도다"로 마무리되는 비문은 그간의 사정을 다 떠나서 추사 글씨의 정수를 보여준다.

추사의 글씨는 정말 좋다. 특히 그가 쓴 글씨 중에 계산溪山 김수근金洙根, 1798~1854에게 써주었다는 '계산무진溪山無盡'이나 차를 보내준 절친한 동갑내기 벗 초의선사에게 차값으로 보내준 '명선茗禪' 등의 글씨를 보면, 그것은 단순한 글씨가 아니라 광활한 여백을 질주하는 명마 같기도 하고 휘몰아치는 큰 바람 같기도 하다.

그중에서도 가장 좋은 글씨가 바로 추사의 만년작인 '백파율사비'에 쓴 비문일 것이다. 해서와 행서로 좁은 공간에서 어느 것에도 억매이지 않게 자유롭고 자재롭게 써내려간 그의 글씨는, '글씨를 쓴다' 하는 의식조차 사라진, 대가의 경지를 보여준다.

나는 전남 곡성 태안사의 배알문을 본뜬 듯한 야트막한 문을 넘어 제일 먼저 '백파율사비'를 보러 가서, 오랜만에 앞뒤의 글씨를 찬찬히 들여다보고 음미하고 만져보았고, 흡족해하며 나왔다. 그런데 다녀와서 그 비석이 모조품이었다는 것을 알게 되었다. 2006년에 사람들이 무분별하게 탁본을 뜨고 비바람에 풍화되어 마모되는 것을 염려해서 근처에 있는 성보박물관으로 옮겼다는 것이다. 나는 그것을 모르고 앞에서 탄복하고 감격했던 것이다. 원효는 감로수인 줄 알고 해골물을 먹고 깨달음을 얻었다는데, 나에게는 그 경탄의 대상이 모조품이라는 사실을 알게 된 후에도 아무런 깨우침이 없었다.

원교의 천왕문 현판을 바라보며 안으로 들어서면 동서남북 네 방위를 지키며 불법과 중생을 지켜준다는 사천왕이 앉아 있다. 사천왕은 본래 인도 고대 종교에서는 귀신들의 왕이었으나, 불교에서 받아들여 중요한 역할을 맡겼다. 그래서 절로 들어가는 여러 단계의 과정에서 제일 처음에 나오는데, 칼을 들고 동쪽을 수호하는 지국천왕, 탑과 셋으로 갈라진 창을 들고 서쪽을 수호하는 광목천왕, 용과 여의주를 들고 남쪽을 수호하는 증장천왕, 비파를 들고 북쪽을 수호하는 다문천왕이 발밑에 악귀들을 깔고 무섭게 앉아 있다.

그런데 여기는 다른 절과 좀 다르다. 보통 사천왕 앞에는 나무 울타리가 설치되어 사천왕의 상반신만을 보게 되는데, 좀더 다가가 자세히 보면 어떤 자세로 앉아 있는지, 발밑에는 무엇이 있는지 보인다. 선운사 사천왕의 발밑에는 늘 등장하는 악귀들이 아니라 돼지의 코를 한 욕심 많은 남자와 불만스러운 표정으로 눈을 찌그리고 우리를 원망스

● ○ 선운사의 경내는 넓은데, 가로가 길고 깊이가 얕은 대지에 집들을 펼쳐놓았다. 선운사 대웅보전 앞에 있는 만세루.

럽게 쳐다보는 음녀 등 제작 당시의 '현재성'이 있다. 어떤 이가 이 사천왕상을 제작했는지 모르겠지만 일반적인 형식을 답습하지 않고 나름 해석해 자신이 사는 시대에 맞게 변용할 줄 아는 의식 있는 작가였을 것이다

선운사의 경내는 넓다. 일반적인 사찰이 가지고 있는 깊이와 위계가 여기서는 다르게 펼쳐진다. 보통 절의 자리를 잡을 때 안으로 깊게 들어가도록 한다. 그 들어가는 과정이 하나의 종교적인 행위가 되는

것이고, 한 공간에서 다른 공간으로 옮겨가는 것은 중생의 자리에서 점점 부처의 자리로 들어간다는 것을 상징한다.

반면 선운사는 가로가 길고 깊이가 얕은 대지에 집들을 펼쳐놓았다. 다만 절의 핵심 공간인 대웅보전 앞에 만세루라고 하는, 누각이라기보다는 그냥 마루가 넓은 강당을 하나 놓아 직접적인 접근을 막아놓았을 뿐이다. 그 너머로 푸르름이 감아놓은 실타래처럼 엉켜 있는 동백나무 숲이 푹신하게 얹혀 있다.

드디어 동백나무 숲에 이르렀다. 짙은 녹색 속에 반갑게도 빨간 동백이 보였다. 수령이 500년 된 나무들은 그리 노회해 보이지 않았고, 그 나이에 뿜어내는 빨간색과 녹색은 아주 선명했다. 동백이 피기 시작한 지는 일주일 남짓 되어 만개하지 않은 채 아직 나무에 매달려 있었다. 송이째 떨어지며 처연한 아름다움을 보여주지는 않았지만, 오히려 살아 있는 생명의 즐거움을 느끼게 해주었다. 누군가 뒤에서 일주일 더 늦게 왔어야 한다며 한탄했지만, 나는 드디어 선운사 동백을 만난 것에 눈물이 날 정도로 그저 감탄하고 감사할 따름이었다.

모든 것을
품어주다

실상사

 어머니 같은 깊은 산

소설가 서정인이 1985년에 문예지에 기고하기 시작한 『달궁』은 독특한 소설이다. 5년 동안 중간중간 묶어서 3권의 책으로 나오기도 했다. 그 내용은 지리산 달궁이 고향인 인실이라는 여인의 죽음으로 시작해서, 주변 인물들의 이야기가 짤막하지만 다양한 에피소드를 통해 전개된다. 그 이야기들은 사실 별다른 연관이 없이 독립적으로 나열된다.

어떤 커다란 윤곽을 기대하면서 읽어나가다가는 결국 그 큰 그림을 얻지 못하고 끝난다. 그냥 여러 가지 이야기와 기억도 나지 않는 많은 사람을 만나며, 부조리하고 허무한 우리의 인생을 보는 듯한 느낌을 받게 되는 소설이다. 달궁은 지리산 한 귀퉁이에 있는 곳의 지명이다. 그리고 진한의 공격을 피해 숨어든 마한의 마지막 왕의 궁궐이 있었다는 전설이 깃든 곳이다.

달궁이라는 이름은 참 묘한 느낌을 준다. 한자로는 도달할 달達과 궁전 궁宮을 쓰지만, 그 한자의 의미보다는 달月의 느낌이 더욱 강하다. '달의 궁전', 어떤 유명한 미국 소설가의 소설 제목이 생각나기도 하고, 어딘가 기울어가는 나라의 처연한 운명이 떠오르기도 한다. 한편으로는 잉카인이 스페인의 공격을 피해 산꼭대기에 거대한 도시를 만든 것이라고 추정되는 페루의 마추픽추도 생각난다. 묘하게도 마추픽추는 '태양의 도시'로 불린다. 태양의 도시는 아직도 생생하게 존재의 증거들이 남아 있는 반면, 달궁은 전설 속에 존재하고 그 유적은 아주 희미하다.

서정인은 그곳에 처음 갔을 때 어머니의 자궁 속 같은 안온함을 느꼈다고 한다. 모든 사람의 근원적인 고향을 상징하는 달궁이 있는 곳, 지리산 전체가 모든 것을 포근히 안아주는 어머니와 같은 느낌을 주는 산이다.

나는 지리산을 무척 좋아한다. 통영으로 가는 고속도로를 통해서 지리산을 갈 때면, 대전을 지나 덕유산 자락이 보이면서부터 가슴이 두근거리기 시작한다. 무주를 지나고 함양 언저리에 도착하면서 지리산의 기미가 보이면, 뭐랄까 아주 푸근하게 마음이 가라앉으며 그 산에 기대서 머리를 베고 누워 자고 싶어진다.

지리산은 큰 산이다. 그리고 푸근한 산이다. 산이 큰데 어디서 보

● ○ 실상사는 지리산 한복판에 자리 잡은 절인데도 태풍의 눈처럼 평평하고 안온하다. 실상사 3층 석탑과 보광전.

아도 크다는 느낌이 들지 않고 그냥 만만해 보이지만, 들어가도 들어가도 끝이 보이지 않는다. 크기도 하거니와 깊은 산이다. 지리산의 가장 큰 어른으로 대접받는 가장 높은 봉우리는 높이가 1,915미터인 천왕봉인데, 재미있는 전설을 가지고 있다.

천왕봉에 앉아 계시는 신은 마고 할머니라고 한다. 전설에 의하면 마고 할머니는 천신天神의 딸이었는데, 지리산에서 도를 닦고 있던 도사 반야般若에 반해서 그와 결혼해 천왕봉에서 살았다고 한다. 반야는 마고와 딸을 여덟 낳고 살다가, 더 많은 깨우침을 얻기 위해 가족들과 떨어져 천왕봉 건너편의 반야봉으로 떠난다. 그리고 마고가 백발이 되도록 돌아오지 않았다.

할머니가 되어버린 마고는 딸들을 차례로 전국 팔도에 내려보내고, 수도하는 남편 반야를 그리며 나무껍질을 벗겨 남편이 입을 옷을 만든다. 그러나 기다림에 지친 마고 할머니는 끝내 남편 반야를 위해 만들었던 옷을 갈기갈기 찢어버린 뒤 숨지고 만다. 찢겨진 옷이 바람에 날려 반야봉으로 날아가 반야봉의 풍란이 되고, 마고 할머니의 딸들은 팔도 무당의 시조가 되었다고 한다. 그래서인지 반야봉 주변에 안개와 구름이 자주 끼는데, 하늘이 저승에서나마 반야와 마고가 만날 수 있도록 해주는 것이라고 한다.

천왕봉은 쉽게 만날 수 없다

건축설계라는 직업의 가장 큰 매력은 많은 땅을 만나는 것이다. 땅이라는 것은 세상의 많은 사람이 그렇듯, 같은 성격과 느낌과 모양을 가진 곳이 한 군데도 없다. 밝고 쾌활한 땅도 있고 어둡고 약간은 어눌한 땅도 있고 기가 무척 괄괄한 땅도 있고 차분한 땅도 있다.

소위 명당이라는 곳도 많이 보았지만 그것들이 어느 누구에게나 적용되는 것이 아니라, 자신의 몸에 맞는 옷처럼 어떤 이에게 맞는 땅이 천생의 배필처럼 있는 것이다. 사람들은 희한하게도 자신에게 아주 잘 맞는 땅을 골라서 그곳에 집을 짓겠다고 우리를 찾아온다.

그 덕분에 나는 전국의 수많은 땅을 만나 보고 공부할 수 있었는데, 그중 가장 인상적이었던 땅은 설계사무실을 열고 처음 만난 지리산 언저리의 땅이었다. 행정구역상으로 경남 산청군 시천면에 속한 땅으로, 천왕봉의 아랫자락에 있었는데 정작 그 땅에서는 천왕봉이 보이지 않았다.

들리는 말로는 천왕봉이 그렇게 쉽게 보이지는 않는다고 했다. 그리고 "저기 보이는 저 봉우리가 천왕봉이야" 하고 누가 가리켜도, 여러 개의 봉우리 중 어디가 천왕봉인지 정확히 알 수 없었다. 천왕봉은 우뚝 높이 솟아 쉽게 알아볼 수 있을 줄 알았는데 그게 아니었다. 더군다나 그 언저리에는 늘 구름이 삿갓처럼 산봉우리를 감싸고 있어 대면할 기회가 원천적으로 없었다.

그 집을 짓고 12년이 흐른 후 다시 지리산 언저리에 집을 짓겠다는 사람이 찾아왔다. 함양군 마천면, 경남 함양과 전북 남원이 맞닿아 있는 곳으로, 지난번에는 지리산을 남쪽에서 보았다면 이번에는 북쪽에서 보게 된 것이다. 창원마을이라는 곳의 안쪽 깊은 곳에 있는 땅이었고, 깊은 산속에 난 길을 한참 찾아들어가야 나오는 곳이었다.

집을 지을 자리에 도착해서 허리를 펴고 뒤를 돌아보는데, '쿠~웅' 하는 소리가 들릴 것처럼 산들이 장하게 우리를 바라보고 서 있었다. 눈앞에 커다랗게 보이는 화면의 8할이 산이었고, 겨우 2할 남짓한 하늘이 아주 옹색하게 보이는 진풍경을 볼 수 있었다. 그 봉우리 중 어떤 봉우리가 천왕봉인데, 나는 도저히 알아볼 수 없었다.

오랜 시간 설계를 하고 마침내 집을 짓기 위해 땅을 여는 고사를 지내러 내려가니, 날이 아주 좋았다. 하늘에 구름이 한 점도 없었고 천왕봉 근처의 봉우리들이 모두 얼굴을 드러내고 있었다. 집을 지으실 분들과 잘 알고 지내는 실상사에 계신 스님 두 분이 오셨다. 간단하게 고사를 지내고 스님과 이야기를 나누던 중 그동안 가장 궁금했던 것을 물어보게 되었다.

"천왕봉이 어느 봉우리인가요?" 스님은 내 눈앞에 펼쳐진 봉우리들

●○ 천왕봉 언저리에는 늘 구름이 삿갓처럼 산봉우리를 감싸고 있어 대면할 기회가 원천적으로 없었다. 실상사 천왕문을 통해서 보이는 천왕봉.

을 오른쪽부터 하나씩 호명했다. 제석봉, 천왕봉, 중봉, 하봉, 두류봉을 쭉 훑다가 "오늘은 마고 할매가 기분이 좋았던 모양이네"라고 한마디 더했다. 나의 길지 않은 지리산 유람기에 드디어 천왕봉을 알현했음을 적어 넣을 수 있는 감격적인 순간이었다.

누구나 부처가 될 수 있다

어린 나이에 당나라로 유학을 가서 빈공과에 장원급제를 하고 그 유명한 「토황소격문討黃巢檄文」으로 중국에서 이름을 날리다가 다시 고국에 돌아왔던 신라 말의 천재 최치원崔致遠, 857~?은 결국 육두품이라는 신분의 한계와 기울어가는 나라의 한심한 정세에 환멸을 느끼고 은거하게 된다. 그가 지리산 쌍계사에서 산문을 나서는 스님에게 남긴 「입산시入山詩」를 보면, 그의 회한이 직설적으로 마음의 한곳을 날카롭게 찌른다.

저 스님아 산이 좋다 말하지 말게　　　　僧乎莫道靑山好

좋다면서 왜 다시 산을 나오나.　　　　山好何事更出山

저 뒷날 내 자취 두고 보게나　　　　試看他日吾踪跡

한 번 들면 다시는 안 돌아오리.　　　　一入靑山更不還

지리산에 들어가서 나오지 않은 사람이 많다. 그리고 억울한 일이 많은 사람들이 지리산에 모인다. 역사적으로 그런 일이 많았고, 그때마다 지리산은 그 넓은 품을 열어주었다. 동학접주 김개남金開南, 1853~1895은 전봉준全琫準, 1855~1895·손화중孫華仲, 1861~1895과 더불어 동학 3걸이라고 불리는 사람이다. 박경리의『토지』에서는 용맹한 동학 대장 김개주로 등장하기도 하는데, 6만 명의 농민군을 이끌며 전라좌도 집강소를 통치했다. 그는 지리산을 넘나들며 진주 쪽의 세력과 결합하려다 실패해 은둔하다가, 어린 시절 친구인 임병찬의 밀고로 잡혀 서울로 압송되지도 못한 채 그 자리에서 참수를 당한다.

신라의 개혁을 꿈꾸다 산속으로 들어간 최치원에서부터 동학의 접주 김개남, 남부군의 이현상까지 지리산을 거쳐간 사람들을 보면 대부분 이루지 못한 자신들의 꿈을 지리산에 남겨두었다.

신라 말 종교 본연의 자세를 잃고 정신을 잃어버린 화엄종에 대한 반성과 개혁을 꿈꾸던 이가 세운 절도 지리산에 있다. 실상사實相寺는 지리산 한복판, 꽃봉오리의 중심 같은 곳에 자리 잡은 절이다. 경남 함양과 바로 붙은 전북 남원의 끝자락인데, 멀리 웅장한 산봉우리들이 보이고 그 봉우리들을 담고 흐르는 물을 건너서 평평하게 들어가는 절이다. 산의 한복판인데 태풍의 눈처럼 평평하고 안온하다.

삼국통일을 이룬 원동력이며 찬란한 문화를 꽃피우던 신라 불교는 통일 후기에 접어들며 침체된다. 이때 중국 유학승들이 전해온 선불교는 귀족과 왕실의 절대적인 후원을 받으며 그 당시 유행했던 교종 불교에 반기를 들고, 종교로서 불교의 근본정신을 되살리며 새로운 시대의 패러다임을 제시한다. 그 당시 선법禪法이란 참신하고 개혁적인 신新사조운동이었다.

　　신라에 가장 먼저 선법을 전한 이는 중국 선종 제4조 도신道信, 580~651에게서 선법을 배워온 법랑法朗, 508~581이다. 그러나 선이 신라에 본격적으로 알려지고 영향을 주게 된 것은 제41대 헌덕왕 때 도의선사道義禪師, ?~825와 제42대 흥덕왕 때 홍척洪陟, ?~?이 혜능慧能, 638~713에 의해 성립된 남종선南宗禪의 홍주종洪州宗을 전하고부터다. 이들은 귀국 후 각각 산문을 개창하고 선법을 정착시켰는데, 고려 초까지 모두 아홉 개의 산문이 형성되었다. 이를 구산선문九山禪門이라고 한다.

　　사람의 운명이란 태어날 때부터 결정되어 있다는 운명론적 인식에서 출발하는 기존의 교종 불교와는 다르게, 제1조 달마부터 시작해 제6조 혜능에서 꽃을 피우는 중국 남종선을 적극적으로 수용한 구산선문은 자신의 마음을 꿰뚫어보아直指人心, 중생이 본래 지니고 있는 불성에 눈떠見性成佛, 대립과 부정을 상징하는 문자를 뛰어넘어 초월의 세계로 지향해不立文字, 부처의 가르침에 감춰진 본래 의미를 따로 전한다敎外別傳는 혁신적인 선 사상을 과감하게 표명한다.

　　마음이 부처이기 때문에 누구나 부처가 될 수 있다는, 당시로서는 상상할 수조차 없는 혁명적인 의식을 바탕으로 한 그들의 사상은 제도권의 환영을 받을 수 없었다. 대부분 중앙에서 멀리 떨어진 지방을

●○ 실상사 약사전의 철불은 철을 4,000근을 녹여 만들었는데, 천왕봉과 바다 건너 후 지산을 잇는 축을 정면으로 응시한다고 한다. 약사전(위)과 철불(아래).

근거지로 산문을 개창해 교화를 편다. 구산선문 중 가장 먼저 문을 연 곳이 바로 지리산 실상사다.

실상사는 신라 흥덕왕 3년(828년)에 홍척 증각대사證覺大師가 창건한 절이다. 이후 홍척의 제자 수철秀澈, 817~893 스님과 편운片雲, ?~910 스님을 거치며 절이 크게 일어선다. 그러나 여러 차례의 전란과 수난으로 대부분의 전각은 소실되었지만, 신라 3층 석탑의 아름다운 비례를 고스란히 담고 있는 석탑과 부도라는 석조물이 만들어지던 당시의 형태를 보여주는 아름다운 부도들, 범종과 철불 등이 남아 오래된 절의 역사를 증언해주고 있다.

특히 수철 스님이 철을 4,000근이나 녹여 만들었다는 약사전의 거대한 철불은 정면으로 천왕봉을 응시하며 앉아 있다. 이 철불은 백두산에서부터 흘러내려온 기운이 지리산에 뭉쳤다가 일본으로 흘러가는 것을 막기 위해, 대좌 없이 맨땅에 앉아서 천왕봉과 바다 건너 후지산을 잇는 축을 정면으로 응시하고 있다는 전설이 있다.

실상사에서 꿈꾸었던 개혁의 정신은 고려와 조선의 불교사상의 본류로 지금까지 우리에게 전해진다. 실상사는 어느 구석 그늘지고 음습한 곳이 없는 밝고 온화한 기운을 품고, 어머니 같이 푸근한 지리산 품속에 깃들어 있다.

창조의 영감을
얻다

무위사

바람과 같고 그림자와 같다

대숲에 바람이 불어도 바람이 가고 나면 소리는 남지 않고,

風來疎竹 風過而竹 不留聲

차가운 연못 위로 기러기가 건너가도 기러기가 다 가고 나면 연못에는

그림자가 남지 않는다.　　　　　　　雁度寒潭 雁去而潭 不留影

그러하듯 군자도 일이 생기면 비로소 마음이 나타나고, 일이 끝나면

그에 따라 마음도 다시 비워지느니라.　　　故 君子 事來而心始現 事去而心隨空

명나라 때의 그리 유명하지 않았던, 실은 불우했던 선비 홍자성洪自誠, 1610~?이라는 사람이 쓴 『채근담』에 나오는 글귀다. 뜻도 깊지만 그림 또한 아름답다. 그는 유교에 기반을 두고 도교와 불교를 두루두루 섞어서 세상 사는 법에 대한 좋은 말들을 짧게 짧게 썼다. 책 이름처럼 진정으로 나물 뿌리와 같이 담담한 경구들로 이루어진 책이다. 특히 내 눈에 확 띄었던 저 구절은, 아주 적막한 밤 어느 물가 언덕 위의 고즈넉한 정자를 떠오르게 했다.

좀더 구체적으로는 오래전 광주댐 근처 창평의 너른 들에 식영정과 소쇄원을 보러갔을 때 보았던 풍경과 흡사하다. 아주 차가운 바람이 부는 겨울 오후, 인적이 완전히 끊긴 자미탄 언저리는 색을 모두 지우고 단지 회색과 희미한 붉은 기만 남은 동네를 그린 것처럼 보였다. 흐릿하지만 무엇보다도 오래도록 기억에 남는 그림이다.

그렇게 여행은 바람과 같고 그림자와 같다. 자취가 남지 않는다. 그냥 지나가는 것이다. 그 모양이 우리가 사는 인생과 흡사해서 사람들은 여행을 하며 깨달음을 얻는 모양이다. 그래서 여행의 여정으로 인생을 그리는 로드 무비 형식의 영화가 시대를 불문하고 만들어진다.

〈허수아비 Scarecrow〉라는 영화를 본 적이 있다. 텔레비전에서 해주는 '주말의 명화'에서 보았는데, 새파랗게 젊었던 시절의 알 파치노 Al Pacino와 진 핵크먼 Gene Hackman이 나온 1973년 영화로 그해 칸 황금

●○ 무위사에 남아 있는 건물 중 가장 오래된 것은 극락보전이다. 무위는 아무것도 하지 않는다는 뜻이다.

종려상을 받았다. 흔히 로드 무비가 그렇듯이, 두 주인공이 길에서 만난다. 갓 출소한 핵크먼과 선원 생활을 마치고 이혼한 부인이 맡아서 기르고 있는 아들을 보러가는 알파치노가 그들이다. 수다스런 알파치노와 세상에 대해 불만 많고 과묵한 핵크먼이 함께 길을 가며, 해와 달처럼 겹쳐지기도 하고 떨어지기도 하며 그냥 돌아다닌다.

사람과 사람이 겹쳐지더니, 나중에는 성격이 바뀐다. 영화의 클라이맥스에서 가족에게서 거절당하고 상심한 알파치노를 위로하기 위해 해크먼이 수다스럽고 야단스럽게 변신을 한다. 그 장면이 참 뭉클했다. 사람과 길 또한 서로 겹쳐지며 처음에는 길이 사람의 배경이었던 것이, 나중에는 사람이 길의 배경으로 바뀐다. 여행에서는 그런 여우 둔갑이 몇 번씩 일어난다.

진리의 전당에 들어서다

오래전 불상과 석탑을 주제로 일주일 동안 가을 여행을 했던 적이 있다. 가는 길에 들르게 되는 대부분의 옛집들이 '절'이다 보니 그 집들의 주인인 불상과 석탑이 저절로 '주제'가 된 것이다. 전북 부안에서 시작해서 경주까지, 서해안과 남해안과 동해안을 디근자로 도는 야심찬 계획이었다.

불교에서 예배의 대상인 불상이 원래부터 있었던 것은 아니다. 예배의 대상은 부처의 무덤이나 부처의 몸의 일부라고 믿는 사리를 모시고 있는 사원이었다. 불교가 중국으로 들어오며 사신들이 머물던 목조로 된 팔각지붕의 중층重層 건물을 사원으로 이용했던 것인데, 나중에 불교의 상징이 불상으로 대체되기 전까지 사람들은 목탑을 예배했고, 그것이 돌이라는 재료로 번안된 것이 석탑이다.

경부고속도로를 달리다가 부안으로 들어가서 내소사, 개암사, 고인돌을 만나며 시작한 여행은 선운사와 불갑사를 거치며 서해안을 타고 돌다가 목포에서 방향을 돌려 영암 도갑사의 저녁 예불을 보고 강진으로 넘어갔다.

새벽에 비가 쏟아붓다가 멈춘 백일홍이 흐드러지게 피어 있는 여름의 끝자락, 이른 아침에 언덕을 기세등등하게 넘어 국도에서 우회전해서 무위사로 들어섰다. 무위사 뒤로는 구름을 흠뻑 머금은 월출산이 눈을 껌뻑이며 놀란 눈으로 우리를 보고 있었다.

색이 조금씩 살아나기 시작하는 절 마당에 백구가 한 마리 서 있었고, 그 외에 아무도 없었다. 무위사 극락보전을 약간 비껴 바라볼 수 있는 위치에 동네 어귀 '점방'처럼 생긴, 요사채와 강당의 중간 역할을 하는 건물이 하나 있었다. 그 툇마루에 앉아서 눈으로 담아가기만 하기에는 너무나 아쉬운 극락보전을 스케치북에 새기고 있었다.

그 '점방'에서 60대 중반 정도로 보이는 할머니 한 분이 삐죽 고개를 내밀더니, 아침마다 흔히 하시던 일과처럼 아주 자연스럽게 "이른 아침부터 오느라고 아침도 못 먹었겠네, 들어와서 밥이나 먹지!"라고 하며 우리를 불렀다. 우리는 염치 불구하고 들어가 소찬으로 꾸려진

● ○ 우리가 무위사에 들어서자 구름을 흠뻑 머금은 월출산이 굽어보고 있었다. 무위사에서 본 월출산.

밥상을 한 상 받았다.

옆에서 밥 먹는 모습을 물끄러미 지켜보던 보살 할머니(절에서는 들어오는 모든 이가 보살이다)는 마침 명부전 한가운데 계시는 지장보살 '개금불사'를 하는 중인데 한 손 보태라고 권하셨다. 어느 절이나 흔한 건 보통 '기와불사'인데, 부처님 집을 지어드리는 것도 좋은 일이지만, 옷을 새로 해드리는 것이 최고의 불사라고 한다. 큰돈을 낼 것도 아니고 다른 곳도 아닌 무위사에 그런 흔적을 남기는 것이라면, 언제고 찾아와도 지분을 가지고 있는 주주처럼(물론 마음속으로) 당당하게 들락거릴 수 있을 것 같다는 생각에 흔쾌히 응했다.

그래서 마을 청년회장 같은 느낌을 풍기는 젊고 활동적인 인상의 주지 스님을 알현하게 되었다. 승방에는 당시만 해도 흔하지 않던 컴퓨터며 프린터가 모두 갖춰진 데다, 책상 위에는 읽다 만 진보적인 성향의 주간지가 펼쳐져 있었다. 스님은 이야기를 전해 들었는지 고맙다며 우리에게 옆자리 냉장고에서 드링크제를 한 병씩 건네주었다.

이윽고 당시 한국 불교계의 문제점과 그 해묵은 갈등의 근원까지 아주 짧은 시간에 갈파하셨다. 마침 그해에는 불교계에 큰 개혁운동이 일어났던 터였다. 그리고 "다음 행선지는 어디신가?" 하고 물으시길래 "대흥사인데요" 했더니, 마침 회의가 있어 자신도 가려던 참이었다며 "그럼 나를 따라오시오" 하셨다.

스님이 무척 빠른 속도로 SUV 차량을 몰고 앞서시는데, 우매하고 느려터진 중생은 도저히 그 넓고 빠른 보폭을 따를 수 없었다. 입장 요금을 내는 곳을 그냥 지나치고 산속에 벌여진 사하촌을 다시 지나서, 우리는 감히 차로 대흥사 경계 안으로 직접 진입할 수 있었다. 돈오의 순간처럼, 과정이 생략되고 바로 진리의 전당에 들어선 것이다. 마당에 이르자 스님은 잘 돌아보고 가라며, 표표히 자신이 가던 길로 가신다. 인근 절 스님들이 모여 무슨 개혁 논의를 하신다는데, 안쪽으로 조금 귀 기울이면 털털한 무위사 주지 스님 목소리가 들릴 것도 같았지만, 그럴 리야 없고 원교 이광사의 신들린 달필만 두 눈에 가득 들어왔다. 나는 무위사를 본 것인가? 대흥사에 들어섰던 것인가? 아주 오래전 일인데, 지금도 꿈을 꾼 것 같다.

여행을 통해 배우는 건축

우리는 땅끝 미황사에서 점을 찍고 완도와 벌교를 지나, 장흥 보림사에서 장보고처럼 생기셨다는 대단한 철불과 부도를 보았다. 그러고 나서 화순 쌍봉사로 갔다. 3층 목탑 형식을 응용한 특이하게 생긴 대웅전 앞으로 들어가는데, 생수병을 하나 들고 어디론가 물을 받으러 가시던 젊은 주지 스님을 우연히 마주쳤다. 합장을 하며 인사를 하자 문득 우리 앞에 서더니, 절에 대한 이런저런 내력을 책 한 권 분량으로 간추려서 짧은 시간에 들려주었다.

쌍봉사는 큰 불이 나서 목탑 모양의 대웅전이 모두 소실되었으나, 다행히 실측한 도면이 있어서 복구할 수 있었다. 그런데 참 다행하게도 그 안에 모셔졌던 석가모니 목불은 그 화재에도 멀쩡하게 살아나셨다. 부처님이 살아나셨다는 말은 망발이지만, 정정하자면 부처님의 형상을 본뜬 나무조각상이 살아나셨다는 말이다.

불이 났을 때 마침 동네에 어떤 보살 할머니의 아들이 군대 갔다가 잠시 휴가 나와 있었다. 그는 절에 다니지 않았는데, 불이 나자 대웅전으로 냅다 뛰어들어가서 부처님을 업고 밖으로 나왔다고 한다. 그런데 그 부처님이 평소에는 장정 여럿이 들어야 할 정도의 무게였는데, 그 친구가 혼자서 업고 나왔다는 것이 신기한 일이었다. "그래서 우리가 그랬지. 아마 부처님도 무척 뜨거우셨던 모양이야."

주지 스님은 대웅전과 극락보전 사이에 기하학적으로 쌓아놓은 석축을 자랑스럽게 보여주고, 뒷길로 들어가면 부도와 비석이 있는데 꼭 보고 가라고 덧붙였다. 독일 학자가 왔다가 아주 반해서 엄청 칭찬을 했던 거라면서……. 그 뒤로 들어가 철감선사徹鑒禪師, 798~868 부도와 비석은 사라지고 비석을 받치고 있던 거북과 지붕돌만 남아 있는 조형물을 만났다.

돌로 만들어진 조각이 튜브처럼 생긴 용기에서 슈크림을 짜내어 장식을 한 듯 유려하기 그지없었다. 목조건축 양식을 본뜬 지붕돌은 통일신라 당시의 건축술을 연상시킬 정도로 놀랍도록 정밀했다. 진전사 도의선사 부도에서 시작해 염거화상廉巨和尙, ?~844 부도를 거치고, 보림사 보조선사普照禪師, 804~880 부도를 거쳐 하나의 양식이 완성된 부도의 모습이 거기 있었다.

영광 불갑사와 영암 도갑사를 이미 보았고, 듣자하니 어디선가 봉갑사라는 절이 있다길래 '갑'자 돌림을 다 훑자 생각하고 지도만 믿고 무작정 숲으로 찾아들어갔다. 그런데 아무리 숲을 헤매도 그런 절은 흔적도 없었다. 그러다 갑자기 헐렁한 바지를 끈으로 질끈 묶은 노인이 홀연히 우리 앞에 나타나, 이 산중에 무슨 일이냐고 물어왔다.

"혹시 봉갑사라는 절, 이 근처에 없습니까?" 하니 "그런 절은 잘 모르겠고, 아래로 내려가서 큰길로 쭉 나가다가 지름집(주유소) 끼고 들어가면 참 좋은 절이 하나 있는데 가보소" 하고 산속으로 사라졌다.

그래서 내려와 말씀대로 주유소를 끼고 들어가니 대원사라는 절이 나왔다. 전혀 예정에도 없었고 아무런 정보도 없이 그 절 마당에 들어섰는데, 그곳은 다양한 크기의 지장보살상으로 가득했다. 지장보살은 지옥 앞에서 마지막 한 사람이라도 구원하겠노라고 서원을 하고 중생을 구하는 자비의 화신이다.

나중에 알고 보니 대원사는 부모와 인연은 맺었지만 태어나지 못하고 죽어간 영혼, 즉 태아령胎兒靈을 달래주는 절이기도 했다. 절의 연못에는 태아령을 상징하는 연꽃이 앙증맞게 피어 있었고, 그 안에 귀여운 아기 부처 한 분이 웃으며 우리를 맞아주었다. 그때 그 노인이 그곳으로 우리를 이끈 것은 지장보살을 보라는 것이었는지, 아기 부처를 보라고 한 것이었는지, 혹은 삶이 시작되기 전부터 삶이 끝난 이후

까지의 모든 인연을 생각하라는 그런 뜻이었는지 역시 알 수 없었다.

이윽고 경주에 다다라, 석굴암 본존불과 불국사 석가탑, 모든 불상과 석탑의 완성의 경지를 비로소 보았다. 백제와 신라를 거쳐 통일신라에서 형식이 완전해지고, 다시 그 형식을 벗어던지기까지의 과정들이 그 여행을 통해 뚜렷하게 각인되었다. 그리고 그때 듣고 만났던 땅

●○ 여행은 건축가들에게 풍성한 경험을 통해 창조의 영감을 얻게 한다. 무위사 선각대사 탑비와 그 뒤로 나한전이 보인다.

과 사람들과 예술에 담겨진 정신의 흔적들이 오래도록 우리 공부의 밑천이 되고 있다.

여행은 끊을 수 없는 모든 일상적 관계와 잠시 거리를 두고, 오롯이 자기 자신만을 생각할 수 있는 기회다. 그래서 많은 사람이 여행을 통해 위로와 안식을 얻고, 많은 예술가는 풍성한 경험을 통해 창조의 영감을 얻는다. 건축가들도 마찬가지다.

동방 여행을 다녀온 24세의 르 코르뷔지에Le Corbusier, 1887~1965는 튀르키예의 전통주택 코나크Konak를 보고 그 군더더기 없는 실용적인 형태와 구조를 보며 현대 도시성에 부합하는 기계미학적 건축에 착안했고, 그리스 파르테논 신전의 거대함과 정교함에 압도당하며 충격을 주는 크기의 중요성을 인식했다. 그는 "그때부터 '사람이 팔을 들어올린 높이'라고 부르는 길이가 내 건축술의 핵심이 되었다"고 말한다.

권투선수 출신인 일본의 세계적인 건축가 안도 다다오安藤忠雄 또한 21세 때인 1962년부터 8년간 일본과 유럽, 미국과 아프리카 등 세계 각지를 여행하며 건축을 배웠다. 여행이 그의 스승이며 건축가로서 삶을 이끈 길잡이였던 셈이다.

"스물세 해 동안 나를 키운 건 팔 할이 바람이다." 수없이 인구에 회자되는 저 서정주의 시구처럼, 건축가, 예술가, 사람을 바람처럼 그림자처럼 소리 없이 흔적 없이 키운 건 팔 할이 여행이다.

제3장

경계를 넘나들다

#기원정사와 황룡사지 #진전사지와 대동사지 #거돈사지와 흥법사지와 법천사지

#미륵사지와 굴산사지

그곳에
깨달음이 있다

기원정사와 황룡사지

비틀스와 동양의 정신

비틀스의 활동을 다룬 〈비틀스: 에잇 데이즈 어 위크-투어링 이어 즈The Beatles: Eight Days A Week-The Touring Years〉(2016년)라는 긴 제목의 영화가 있다. 이 영화는 비틀스가 밴드를 결성하고 공연하던 1963년부터 1966년까지 공연 전후로 그들이 보여주었던 인터뷰, 사진, 공연, 방송영상 등의 기록들을 짧게 짧게 순서대로 모으고 감독의 시선을 슬쩍 집어넣은 것이다.

사실 비틀스는 그들의 노래를 몇 곡 모르면서도 전 세계 모든 사람이 알고 있다고 착각하는 이상한 밴드다. 그들의 음악은 질소나 산소처럼 우리가 마시는 공기의 한 요소로 들어가 있어서, 어떤 장소에서나 그들의 음악이 여러 가지로 모습을 바꾸며 나타난다. 세상에 이런 대접을 받는 음악이 어디 있으며, 이렇게 질리지 않는 노래가 또 어디에 있겠는가?

나 역시 일종의 선험적인 지식처럼 비틀스를 언제부터인지 알고 있었다. 그들이 영국 여왕에게 훈장을 타러 가는 영상을 초등학교 때 우리 집 흑백텔레비전으로 보았고, 그들의 이상한 버섯머리와 몸에 딱 붙는 정장을 입은 모습을 아주 익숙하게 알고 있었다.

그들에게 관심이 생긴 것은 우연히 비틀스의 대표곡을 모은 레코드판을 하나 사게 되면서부터다. 그 음반은 〈예스터데이Yesterday〉, 〈소녀Girl〉, 〈미셸Michelle〉, 〈렛 잇 비Let It Be〉, 〈티켓 투 라이드Ticket To Ride〉 등 발표된 순서나 장르적인 분류 없이 달달한 노래들만 잔뜩 모아놓은 것이었다. 나는 레코드판이 닳도록 듣고 또 들었다. 그러면서 새삼스럽게 비틀스에 대해 궁금해졌고 그들에 대해 탐구하기 시작했다.

지금처럼 인터넷이 있는 것도 아니고 대중문화에 대한 자료가 많은 때도 아니었다. 여기저기 기웃거리다 마침내 서점에서 문고판 크기의, 거친 종이에 인쇄된 '비틀스 평전'을 하나 구하게 되었다. 그 책 역시 조악한 해적판이었다. 누가 썼는지도 모르고 원전이 무엇인지도 모르지만, 비틀스가 언제 결성되고 어떻게 활동했으며 곡들은 누가 만들었는지 제법 자세하게 나와 있었다.

그런데 문제는 그 책에 나온 많은 곡이 내가 가진 레코드판에는 없는 것이었다. 특히 비틀스 최고의 명반이라고 일컫는 《화이트 앨범》(10집)이나 《서전트 페퍼스 론리 하츠 클럽 밴드Sgt. Pepper's Lonely Hearts Club Band》(8집) 같은 앨범에 들어가 있는 곡들은 내 손이 닿는 범위에는 없었다. 그러다 보니 〈어 데이 인 더 라이프A Day In The Life〉, 〈레볼루션 9Revolution 9〉 등의 노래들은 나의 상상 속에서 흘러 다녔다. 사실 영상도 아니고 음악을 상상으로 듣는다는 것은 말도 되지 않지만 달리 방법이 없었다.

데뷔하고 불과 3~4년 사이에 비틀스는 영국 리버풀 지하의 클럽에서 킬킬거리며 요란한 로큰롤을 연주하는 치기 어린 젊은이에서 온 세상의 모든 젊은이가 열광하는 영웅이며 우상으로 거듭난다. 4명의 젊은이들은 이른 성공에 따른 여러 가지 불편과 회의에 젖어들면서 세상에 눈을 뜨고, 결국 무리한 스케줄과 군중에 지치며 공연을 중단하고, 앨범 작업 위주로 활동하게 되었다고 하고, 영화는 그 시점에서 끝난다.

● ○ 비틀스는 인도 북부 히말라야 산맥 기슭과 갠지스강 상류에 있는 힌두교의 성지인 리시케시로 가서 생활한다. 리시케시에 있는 힌두교 사원.

이후 그들은 어떻게 되었을까? 그들은 예술가로 다시 태어난다. 그들의 음악을 통해 세상에 대한 허무를 이야기하고 그것을 극복하는 방법과 비전을 제시한다. 내가 듣지 못한 노래들은 그런 곡들이었다. 한참 뒤에 마침내 그토록 듣고 싶었던 노래들을 진정한 비틀스 '마니아' 친구를 통해 듣게 되었다. 그는 비틀스의 모든 음반을 다 가지고 있었다.

그 친구의 집에서 〈어 데이 인 더 라이프〉도 듣게 되었고, 《서전트 페퍼스 론리 하츠 클럽 밴드》음반을 '알현'하는 영광을 맞이하게 되었다. 특이하게도 이 노래들에는 인도의 악기가 사용되고, 나의 짧은 영어 실력으로 대강 들어본 바로도 무언가 허무함이 진하게 깔려 있었다. 고된 공연 일정에 시달리던 그들은 약물에 빠지게 되는데, 조지 해리슨George Harrison, 1943~2001이 우연히 알게 된 인도의 명상가 마하리시 마헤시Maharishi Mahesh, 1917~2008를 나머지 멤버에게 소개하며 인도의 리시케시Rishikesh라는 곳으로 가서 함께 생활을 하게 되었다고 한다. 시기적으로는 8집 앨범이 발매되고 나서 그 스승을 만나게 된 것인데, 이 앨범에는 이미 체념과 달관과 윤회에 대한 정서가 가득 깔려 있었다. 동양의 정신으로 들어오는구나 하는 생각이 드는 노래들이었다.

놀라운 성공의 끝에서 그들은 허무를 느끼고 그 순간 무언가를 깨닫게 된다. 세상을 다른 각도에서 보게 되고 새롭게 열린 눈으로 음악을 다시 시작한다. 그리고 그 시절에 만든 《화이트 앨범》, 《애비 로드Abbey Road》(11집) 등은 20세기의 음악을 한 단계 끌어올린 곡들이라고 평가된다.

깨달음이 찾아오는 순간

이들처럼 살아가면서 혹은 어떤 분야에서 경지에 이르는, 말하자면 깨달음을 얻게 되는 지점은 예측한다고 알게 되는 것은 아니다. 노력한다고 반드시 이루어지는 것도 아니다. 그러나 그 깨달음이 찾아오는 순간, 사람들은 이전과는 전혀 다른 새로운 경지로 나아가게 된다. 그리고 훨씬 더 오래된 깨달음이 있다.

부와 명예와 아름다운 부인을 뒤로하고 29세에 궁에서 빠져나온 싯다르타 태자는 생로병사에 대한 근원적인 의문에 대한 깨달음을 얻기 위해 부다가야Buddha-Gayā 인근에서 6년간 고행을 한다. 하루에 쌀 한 톨만 먹기도 하고, 풀만 먹기도 하고, 거름을 먹기도 했다. 또한 자신을 괴롭히기 위해 머리카락이나 수염을 뽑기도 하고 가시덤불 위에 눕기도 한다.

그러던 어느 날 그는 깨닫는다. 고행은 길이 아니다. 그는 보리수 아래서 괴로움과 괴로움의 원인과 괴로움의 소멸과 열반에 이르는 길苦集滅道에 대한 깨달음을 얻게 되며 부처가 된다. 같이 고행을 했던 5명의 동료 수행자에게 괴로움과 즐거움, 두 극단에 서지 않는 중도中道에 대해 설법하게 된다. 이후 그는 많은 수행자와 더불어 여러 곳에 머무르며 이야기하고 그들을 열반으로 인도하고, 그의 말들이 모여서 경전이 되고 그의 정신은 불교라는 종교가 된다.

부처가 가장 오래 머물며 제자들과 대중에게 설법을 한 곳이 '기원정사'다. 그리고 석가모니의 가르침을 가장 잘 표현한 경전은 『금강경』으로, 『금강반야바라밀경 金剛般若波羅蜜經』의 줄임말이다. 제자들이 석가모니 사후에 기록한 것인데, '금강'은 가장 단단한 금속을 뜻하고 '반야'는 지혜를 뜻하며 '바라밀'은 열반에 이른다는 의미다. 그래서 『금강반야바라밀경』이란 금강석처럼 견고한 지혜로 깨달음에 이르게 하는 경전이라는 뜻일 것이다. 그 내용은 석가모니가 사위국의 '기수급고독

● ○ 부처가 가장 오래 머물며 제자들과 대중에게 설법을 한 기원정사는 사람들에게 열반에 대한 깨우침을 주고 있다.

원祇樹給孤獨園'에서 제자인 수보리가 묻는 말에 대답하는 형식이다. 그리고 이를 기억력이 출중한 제자 아난존자가 기록한 것이라고 한다. 『금강경』은 이렇게 시작된다.

"나는 이렇게 들었다. 어떤 때 부처님이 사위국에 있는 기수급고독원에 비구 1,250인과 머물렀다如是我聞 一時 佛 在舍衛國祇樹給孤獨園 與大比丘衆千二百五十人 俱."

아난존자의 회상이 시작되는 것인데, 첫 문장에서 공간적인 환경과 분위기를 묘사한다. 기수급고독원은 줄여서 '기원정사' 혹은 '제따와나'라고 하며, 코살라국憍薩羅國의 수도인 슈라바스티Shravasti에 있는 불교의 성지다.

그 이름은 제따祇陀 왕자의 숲이며 급고독 장자가 왕자를 설득해 지은 사원이라는 뜻이다. 그런데 급고독이라는 말이 재미있다. 그 이름은 부처님에게 기원정사를 지어 바친 '수닷타Sudatta'라는 슈라바스티의 큰 부자를 이르는데, 사람들에게 고독을 공급한다는 말이 아니라 '어려운 사람들을 도와주는 사람'이라는 뜻이라고 한다.

아무튼 지금부터 2,600여 년 전의 일이다. 가장 깊은 곳에는 부처님이 머무르는 향실香室이 있었고 제자들과 대중이 머무르는 숙소가 있었으며 식사를 하는 공양간도 갖춰진 곳이었다고 한다. 이후 기원전 250년 무렵 아소카Asoka 왕이 이곳을 방문하고 입구에 높다란 석주石柱를 세우고 시설을 확충했다는 기록이 있다.

 그러나 세월이 많이 지나며 시간의 겹이 차근차근 쌓이는 동안 기원정사는 쇠락해졌다. 지금은 붉은 벽돌로 쌓은 집터와 사람들이 둘러앉아 설법을 들었을 듯한 넓고 좁은 여러 개의 마당이 남아 있다. 그 형상은 사라졌지만, 수천 년의 시간을 두르고 앉아 있는 기원정사의 텅 빈터는 사람들에게 괴로움, 욕망이 사라진 온전한 평온함, 즉 열반에 대한 깨우침을 주고 있다.

비어 있음으로 가득 차다

 폐사지란 예전에 절이 있었지만, 지금은 사라지고 빈터만 남은 곳을 말한다. 대표적인 폐사지는 경주에 있는 황룡사지와 양주 회암사지, 여주 고달사지, 강릉 굴산사지 등이 있다. 그렇게 유명한 곳 말고도 전국에는 수천 개의 폐사지가 남아 있다.

 폐사지를 물리적으로 정의하자면 만물의 생성과 지속 원리인 '물질과 에너지의 상호작용'에서 물질은 사라지고 에너지만 남아 있는 곳이라고 할 수 있다. 간혹 불완전하게나마 물질(석탑, 불상, 석등 같은 유물)이 남아 있기도 하지만, 물질이 대부분 사라진 빈 곳을 채우는 것은

인간의 상상력이다. 어떤 의미에서는 건축이 망한 곳에서 건축의 완성
을 볼 수 있는 역설적인 장소다.

그 말은 폐사지의 건축은 공간을 보여주는 것이 아니라 방문한 사
람이 스스로 빈 곳을 채우는 곳이라는 의미다. 사람들은 그곳에서 인
식 능력과 상상력을 최대한 동원하며 주초柱礎만 남은 자리에 기둥을

● ○ 황룡사지에 서 있으면 세상의 중심. 아니 우주의 중심에 있는 듯한 느낌마저 든다.
그 순간 세상의 모든 소리가 잦아든다.

복원하고, 그 위에 지붕을 올려 완성한다. 건축을 감상하는 대신 창조적인 수용으로 스스로 건축을 하게 되는 장소다.

더군다나 정말로 좋은 것은 그곳에 가면 하루 종일 앉아 있어도 찾아오는 사람이 드물고, 간혹 오더라도 오래 머물지 않고 금세 빠져나간다는 것이다. 어느 순간, 소리가 완전히 소거된 채 절대적인 시간과 공간에 앉아 있는 느낌이 들고 궁극적으로는 무한한 자유를 느끼게 된다.

우리나라에서 폐사지가 가장 많은 도시는 아마 경주일 텐데, 신라 천년의 도읍이었고 불교 문화가 화려하게 꽃을 피웠으니 너무나도 당연한 이야기일 것이다. 일연—然, 1206~1289은 『삼국유사』에서 신라시대의 경주를 "사사성장 탑탑안행寺寺星張 塔塔雁行(절들이 밤하늘의 별처럼 펼쳐져 있고, 탑들이 기러기 떼처럼 줄지어 있다)"이라고 표현했다. 경주의 폐사지는 너무나 유명한 감은사지부터 시작해서 사천왕사지, 망덕사지, 보문사지 등 이루 헤아릴 수 없을 정도로 많다.

그중에 가장 대표적인 절터는 황룡사다. 그곳은 내가 가장 좋아하는 곳이고 늘 그리워하는 곳이다. 경주의 한복판에 펼쳐진 너른 터는, 낭산을 옆구리에 끼고 멀리 남산을 바라본다. 선덕여왕이 그곳에 9층 목탑을 만들었고 엄청나게 커다란 불상을 모셨다고 하는데, 그 모습을 상상하기란 지금은 쉽지 않다.

푸른 들판 위에 둔덕이 몇 개 있고 둔덕 위에는 건강한 피부처럼 밝고 불그스레한 빛이 감도는 커다란 돌이 몇 개 놓여 있다. 그리고 그 주위로 작은 돌들이 일정한 간격으로 진을 치고 있는데, 부처님이 서 있었던 자리이고 기둥의 자리다. 그 중심으로 들어가면 경주의 중심에 앉아 있는 느낌이 든다.

특히 해가 지며 하늘이 주황색을 띨 무렵 그곳에 서 있노라면, 경주의 중심이 아니라 세상의 중심, 아니 우주의 중심에 있는 듯한 느낌마저 든다. 그 순간 세상의 모든 소리가 잦아들며 시간이 문득 멈춰 서서 같이 석양을 보는 듯하고, 신라의 천년을 지속하게 만든 기운이 느껴진다. 아무것도 없으나 그래서 오히려 가득 찬 곳, 황룡사지가 그런 곳이다.

사라진 것을
기억하다

진전사지와 대동사지

폐허가 들려주는 이야기

보이지 않던, 숨겨졌던 시간이 드러나는 순간을 처음 경험하는 것은 상상만 해도 황홀한 일이다. 하인리히 슐리만Heinrich Schliemann, 1822~1890의 트로이 발굴이나 인구 2만 명이 살았다는 로마시대의 휴양 도시 폼페이의 발굴 장면 등 역사 속에만 기록되었던 상상의 도시를 발견한 이야기는 들을 때마다 가슴이 설렌다.

헨드릭 빌럼 판론Hendrik Willem Van Loon, 1882~1944의 『예술사 이야

기』에 의하면, 고대도시 폼페이의 흔적은 1594년에 처음 발견되었다고 한다. 나폴리 근처에서 수로를 내기 위해 터널을 파던 도메니코 폰타나Domenico Fontana, 1543~1607라는 이탈리아 건축가가 로마시대 조각상과 항아리를 비롯해 냄비, 등불, 그 밖의 여러 가지 생활도구를 발견했다. 당시에는 그저 우연히 발견된 고대 로마시대의 집터 찌꺼기라고 여겨져 아무도 관심을 가지지 않았다. 그 후 170여 년 동안 같은 장소에서 로마시대 물건임이 틀림없는 갖가지 유물이 너무 많이 발견되자, 결국 사람들은 그 지역 전체를 발굴해 두껍게 깔린 잿더미 아래에 무엇이 숨어 있는지 알아보기로 한다.

1763년에 시작된 그 발굴로 인해 발견된 도시는 집과 지붕 정도가 원형을 상실했을 뿐 서기 79년의 베수비오Vesuvio 화산 폭발 때의 모습을 그대로 간직하고 있었다. 드문드문 발견되었던 이전의 유적과 달리 완벽한 도시 발굴은 처음 있는 일이었다. 폼페이는 에트루리아Etruria 시대에 이미 번영을 구가하고 있었고, 기원전 1세기의 로마 역사에서 두각을 나타내기 시작한 도시였다. 사람들이 배를 타고 피하거나 안전한 지하 대피소를 찾으려고 아우성쳤던 운명의 날 아침을, 도시는 그대로 간직하고 있었다.

1971년 7월, 충남 공주의 한 벽화고분에서는 문화재관리국에서 물이 스며들지 않도록 뒤쪽에 도랑을 파고 있었다. 그러다가 7월 5일 한

●○ 폼페이는 집과 지붕 정도가 원형을 상실했을 뿐 운명의 날 아침을 도시는 그대로 간직하고 있었다.

인부의 괭이 끝에 벽돌이 걸렸다. 벽돌을 따라 파 내려가니 입구인 듯한 아치가 나오기 시작했다. 이 새로운 발견은 다음 날 급히 서울로 보고되고 당시 국립박물관장이었던 김원룡 박사는 바로 그날로 공주에 내려간다.

"안으로 들어가보니 지석 첫머리에 '영동대장군백제사마왕寧東大將軍百濟斯摩王'이라고 되어 있다. 무령왕이다. 우리나라 고분은 연대나 이름을 써넣지 않는 것이 하나의 특색으로 되어 있다. 그래서 무덤을 파도 가장 중요한 연대를 알 수 없는 것이 공통된 안타까움이고 그것이 또 우리 고대 문화나 역사를 밝히는 데 근본적인 장애로 되고 있다. 그래서 유적을 파나 무덤을 파나 우리들의 가장 큰 소망은 연대가 써 있고 명문이 써 있는 유물들을 발견하는 것이고, 나 자신도 꿈에서 그런 물건을 파내고 이게 웬일인가 기뻐하던 경험이 한두 번이 아니었다. 그런데 이제 그것이 눈앞에 현실로 나타나지 않았는가.”[9]

김원룡 박사는 그러한 엄청난 행운에 미처 감사하기도 전에 밀려든 기자들과 구경꾼들에 떠밀려, 몇 달이고 몇 년이고 천천히 진행되었어야 할 발굴 작업을 단 하루 만에 진행해야 했던 것을 평생의 회한으로 기억했다.

사라졌기에 보이지 않던 어떤 시간에 대한 기억, 그것이 폐허가 우리에게 들려주는 이야기다. 나는 고건축이나 고미술을 보러 다녀보았던 경험들을 통틀어서 그 어떤 것도 폐허가 주는 감동에는 따라올 수 없다고 생각한다. 그것은 단순한 장소와 공간과 그것에 개입하는 인간의 의지뿐만 아니라 거기에 무척 깊은 시간과 기억이 담겨 있기 때문이다.

그래서 나는 폐허, 특히 오래된 절의 옛터에 가는 것을 좋아한다. 그 안에는 나와 대상뿐만 아니라 우주에서 떠돌아다니는 무한한 시간이 쏟아져 내려와서 나에게 말을 거는 것 같다. 그 감동의 강도의 양은 도저히 말로 표현할 수 없다.

△ 크게 비어 있다

태허太虛라는 말이 있다. 말을 그대로 해석하면 크게 비어 있음이 되는데, 동양철학에서는 무척 중요한 개념이다. 크게 비어 있음으로써 오히려 가득 차 있다는 의미이며, 가장 기가 충만한 공간이라는 의미도 된다. 『장자』의 '지북유편'에 나오는 말로, 만물이 없어지는 형상이며 만물이 다시 생겨나는 형상이며 그릇이라는 뜻이다. 그리하여 그 태허의 공간은 넓고도 넓지만 아무나 들어갈 수 있는 곳은 아니며 아무나 노닐 수 있는 곳도 아니다.

"누가 도에 대해 물었을 때 대답을 하는 사람은 도를 알지 못하는 것입니다. 도에 대해 질문한 사람도 역시 참된 도에 대해 듣고 있는 것이 아닙니다. 도란 물어서도 안 되는 것이며, 묻는다 하여 대답할 수도 없는 것입니다. 물어서는 안 되는 것을 묻는 것은 헛된 질문입니다. 대답할 수 없는 것을 대답하는 것은 진실한 마음이 없는 것입니다. 진실한 마음이 없이 헛된 질문에 대답하는 사람이 있는데 이런 사람은 밖

● ○ 진전사지는 염거화상이 부처가 된 스승을 기리며, 부도라는 새로운 형식의 조형물을 만들어 세워놓은 곳이다. 진전사지 도의선사탑(위)과 3층 석탑(아래).

으로는 우주의 현상을 제대로 관찰하지 못했고, 안으로는 태초의 오묘한 이치를 알지 못하고 있기 때문입니다. 그래서 곤륜산 같은 고원한 경지에 가보지도 못하고 태허의 거침없는 세계에 노닐어 보지도 못하는 것입니다."

아무것도 없으나 기가 충만한 곳, 나는 가끔 그런 곳으로 간다. 폐허의 공간이며 태허의 공간들에. 가령 강원도 양양 언저리에 양양국제공항을 끼고 옆으로 한참 들어가면 나오는 진전사지 같은 곳은, 너른 들을 품고 있다든가 멀찍이 산들이 에워싼 풍광을 보여주지는 않지만 뜨문뜨문 나오는 탑과 부도가 절의 경계를 얼추 보여주며 묘한 느낌을 준다.

그곳은 신라 말 화엄종을 숭앙하던 시절에 중국에서 남종선을 배워 들어온 도의선사라는 분이 선종을 이식하고자 했던 곳이라고 한다. 그의 제자 염거화상이 선종의 가르침대로 열반해 부처가 된 스승을 기리며, 부도라는 새로운 형식의 조형물을 만들어 세워놓은 곳이다. 그러나 그런 의미와 자취는 다 닳아버리고 이제는 그저 석조 예술품으로 남은 두 개의 돌 조각, 탑과 부도만 남아 있다.

한번은 통도사 새벽 예불에 참석했던 적이 있었다. 어스름한 새벽에 절 바로 앞에 있는 여관에서 일어나 열심히 달려가 예불 시간에 맞춰 절에 도착했다. 사위가 적막하고 캄캄해서 절에서 켜놓은 희미한 백열등을 구세주로 삼아 열심히 들어가보니, 스님뿐만 아니라 통도사에서 주무시는 많은 일반인이 나와 법당 안으로 들어가고 있었고, 그 안에서 보이지 않는 선에 맞춰 질서 정연하게 앉고 서고 절하는 모습이 아주 감동적이었다.

그런데 정작 수많은 사람이 절을 하고 예를 올리는 불단에는 덩그러니 방석만 한 개 놓여 있었다. 존재하지 않기에 오히려 강한 존재감을 주는 이상한 역설과, 그로 인해 생기는 종교적 감화는 강력했다. 없음으로써 강력한 존재의 의미를 새기는 것, 그런 역설의 미학이 바로 폐허의 미학이라고 생각한다.

천년을 비추는 빛

몇 년 전, 오랜만에 만난 선배와 점심 식사를 할 때였다. 식사를 마치고 커피를 마시며 이런저런 이야기 끝에 답사 여행으로 주제가 흘러갔다. 예전에 고건축 답사 꽤나 다녔던 선배와 서로 답사의 경험을 풀어놓으며 역시 답사의 꽃은 폐사지가 최고라고 입을 모으다가 '어디까지 가보았니' 하는 식의 경쟁이 시작되었다.

서로 여기저기를 주워섬기다가 그 선배가 "내가 가본 절터 중에는 대동사지가 참 좋았어, 거길 한번 가봐야 해. 아, 그 분위기!" 하며 진정으로 아련해지는 눈을 해가며 내게 이야기를 해주는 것이었다. 그런데 그곳은 불행히도 내가 가보지 못했던 곳이었다. 선배는 그 터가 경남 합천 어디에 있다고 하면서 "그 분위기 정말 좋아"라는 소리만 연신 되뇌었고, 그날의 시시한 힘겨루기는 나의 완패로 싱겁게 끝나고 말았다.

나는 사무실로 돌아오자마자 의자를 끌어당기고 컴퓨터로 바짝 다가앉아 대동사지를 검색했다. 누군가 굉장히 좋은 카메라로 정밀하고도 침착하게 찍은 듯한 사진이 보였다. 초가을 무렵인지 희미하게 남아 있는 여름의 초록 위로 갈색이 서서히 밀려오는 어느 새벽에 찍은 사진이었다. 아무것도 없고 그냥 등신불 크기의 불상만 눈에 들어왔고, '이곳은 사람들이 잘 모른다. 아! 참 좋다' 대충 그런 말이 적혀 있었다. '이 사람도 선배와 똑같은 말을 하네.' 더욱 궁금했지만 어쩔 도리가 없었다.

그 당시 나는 서울에 매여 있어서 답사는 서울 인근에 있는 파주 광탄 보광사도 못 가는 형편이었으니, 합천은 엄두도 낼 수 없는 시베리아 서북쪽 모서리 정도나 되는 멀고도 먼 곳이었다. 몇 년을 벼른 끝에 드디어 합천은 아니었지만 합천 바로 옆 동네인 의령에 일이 생겼다. 이번에야말로 대동사지에 꼭 들르리라 마음먹고, 통영대전고속도로를 타고 무주, 함양, 산청을 지나 덕산 인터체인지로 들어갔다. 멀찍이 언제 보아도 코끝이 찡해지는 감동적인 산, 지리산이 팔을 넓게 펼

● ○ 최고의 폐사지로 손꼽히는 대동사지는 천년의 시간과 천년을 비추는 빛이 만들어내
는 아름다운 풍경을 자랑한다.

치며 커다랗게 앉아 있었다.

　지리산을 뒤로하며 그 길로 생미량과 대의를 지나 의령의 옆구리
를 스치고 삼가를 지나 고개를 몇 개 넘어서 아주 한적한 마을로 접어
들었다. 논과 밭 사이의 좁은 마을길로 한참을 더 들어가니 멀리 저수
지 언저리에 돌부처(석불)와 석등이 보였다. 거기가 그 좋다던 대동사
지였다. 전설의 문이 열리는 듯한 감동이 밀려왔다.

가까이 다가서서 보니 표정이 다 없어지고 몸짓이 다 지워진 항마촉지인降魔觸地印(좌선할 때 오른손을 풀어서 오른쪽 무릎에 얹고 손가락으로 땅을 가리키는 손 모양)을 했을 것으로 추정되는 사람 크기의 석불과, 상대적으로 또렷한 표정으로 단정하고 야무지게 서 있는 석등과, 굵고 구부정한 느티나무가 횡으로 나란히 서 있었다. 그뿐이었다. 절 자리가 어땠는지는 알 수 없었고 그냥 여기저기 흩어져 있던 돌덩어리들을 맞춰서 한구석에 나란히 모아놓은 듯했다. 아니면 누군가가 어느 예전에 느티나무에게 맡기고 출타한 듯했다.

과거의 어느 시절에는 저기 앉아 있는 부처님이 잘 지어놓은 대웅전에 앉아서 허공을 배경으로 좌우에 산을 거느리고 앉아 있지 않았을까? 사람들은 이 자리로 곧바로 머리를 조아리며 들어가지 않았을까? 그런 상상은 꼬리에 꼬리를 물고 끝없이 이어졌다.

저 느티나무는 이 절이 들어설 무렵 심어놓은 느티나무일 것이고 그래서 나이를 합치면 3,000살이 되는 세 친구가 나란히 양광陽光을 모으며 앉거니 서거니 하고 있는 것이리라. 나는 그런 모습을 보았다. 영원같이 길고 긴 천년의 시간과 천년을 비추는 빛이 만들어내는 아름다운 풍경을.

인간이 짓고
시간이 완성하다

거돈사지와 흥법사지와 법천사지

아름다운 시간의 흔적

건축물은 인간이 짓지만 시간이 완성시킨다. 건축의 가장 중요한 재료는 시간이다. 시간은 어떤 건물이건 잘 지은 건물이건 어수룩한 건물이건 장점을 만들어내고 단점을 덮어주고 아름답게 다듬어준다. 그러나 인간은 시간이 만든 그 아름다움을 모르고, 혹은 알면서도 외면한 채 자꾸 지운다.

연륜이 쌓인 건축물 말고도 공간에 시간의 흐름을 넣은 훌륭한 건축물이 간혹 있다. 그런 공간에서 우리는 건축이 주는 대단한 감동을 느끼게 되는데, 종묘나 봉정사에 있는 영산암이나 퇴계 이황이 짓기 시작하고 그의 제자 조목이 완성한 도산서원 같은 건축이 바로 그런 예라고 할 수 있다. 또는 애초에 건축적 계산으로 완성되지 않았으나 시간이 켜켜이 퇴적되어 있고 기억이 바닥에 질펀하게 깔린 폐사지의 정경은 우리의 눈으로 느낄 수 없는 아주 특별한 공감각적인 체험을 가능하게 한다.

사실 시간성은 어려운 이야기이고 설명하기 힘든 건축의 개념이기는 하다. 특히 폐사지의 아름다움은 단순히 시간의 흔적이 덮어서만은 아니다. 공간과 사람의 인식과 기억이 접촉하며 만들어내는 묘한 화학 작용 때문이라고 생각한다.

시간의 속성은 흐름이다. 세상에 멈춰 있는 시간이란 없다. 시간은 언제나 현재이며 영원히 미래를 향해 가고 있을 뿐이다. 그리고 끊임없이 과거를 만들어낸다. 시간이 버리고 간 부스러기처럼 과거가 무수히 널려 있다. 그것을 예측하고 제어할 수 있는 건축가는 정말 뛰어난 건축물을 만들고 그런 건축물을 우리는 시대를 뛰어넘는 명작이라고 부른다.

나는 서울이라는 큰 도시에서 태어나 그 안에서 자랐다. 그런데 보는 관점과 시각이 나이가 들어감에 따라 많이 바뀌었다. 어린 시절의 도시는 주로 동네 골목을 헤집고 다닐 때 피부로 느껴지는 도시였다. 청소년 시절에는 주로 통학을 하거나 시간이 남으면 타고 다니는 버스를 통해 도시를 보았다. 지금은 지하철을 타거나 운전을 하면서 도시를 본다. 도시를 보는 속도가 점점 빨라지고, 도시 또한 빠르게 변하며 그에 대한 감정이 희석되는 느낌이 든다. 그냥 도시는 나와는 상관없이 지나간다.

●○ 잔디가 곱게 깔려 있는 거돈사지에는 잘생긴 3층 석탑과 부처님이 앉아 있던 대좌가 터의 한가운데 남아 있었다.

이것은 도시라는 특정한 공간에 관한 이야기만이 아니다. 자신이 사는 곳이 도시건 농촌이건 바닷가이건 누구나 비슷할 것이다. 사람은 장소를 배경으로 장소를 밑천으로 살지만, 시간이 지나며 점점 장소와 떨어져나가고 관계를 회복하기 힘들어진다.

청소년 시절, 나의 취미는 우표 수집이나 그림 그리기, 펜팔이나 뭐 그런 당시 또래들이 선호하는 것들이 아니고 버스를 타고 돌아다니는 일이었다. 말하자면 배회가 나의 취미였고 그 대상은 내가 살고 있는 주변의 공간들이었다. 시간이 나는 대로 버스를 타고 바깥을 보면서 몇 시간을 보냈다. 그때 살고 있던 집이 수유리에 있었는데 근처에 버스회사가 많이 있어서 덩달아 주변에 버스 종점이 많았다. 그런 동네에 사는 가장 큰 혜택은 버스를 탈 때 내가 앉고 싶은 자리에 앉을 수 있다는 점이었다.

그게 뭐 그리 큰 혜택이냐고 할 수도 있겠지만, 나처럼 1시간 이상 버스를 타고 시내를 관광하는 취미를 가진 사람에게는 큰 장점이었다. 나는 내가 좋아하는 오른쪽 맨 뒷자리에 앉아서 끝에서 끝까지 가는 기나긴 여정을 즐겼다. 시내버스 여행은 비용이 많이 들지 않으며 풍경과 섞이며 상념에 잠길 수 있어 좋았다.

도시의 풍경을 구경하는 여행

버스를 타고 도시의 풍경을 즐기기 시작한 것은 멀리 있었던 학교로 통학을 하면서였다. 수유리에 있는 집에서 동부이촌동에 있는 학교까지 가자면 화계사에서 출발하는 84번 버스를 타고 미아리, 길음동, 돈암동, 삼선교, 혜화동, 안국동, 종로, 명동, 남대문, 동자동, 삼각지를 거쳐 용산역 앞에서 내렸다.

나는 종점까지 걸어가서 버스에 오르고 내가 정한 지정석에 앉아서 하염없이 창밖을 쳐다보았다. 도시의 일상이 지나가고 있었고 변두리에서 점점 도심으로 들어가며 진해졌다가 다시 묽어지는 도시의 농도를 맛보기도 했다. 무엇보다도 길을 감싸고 있는 다양한 건물의 표정, 도시의 껍질을 구경하는 것이 재미있었다.

그렇게 오며 가며 하루에 2시간이 넘는 도시 관찰을 했는데 반 년 정도 통학을 하고 전학을 하게 되어 그 여행을 마쳐야 했다. 그래서 나는 따로 시간을 내서 '버스 여행'을 하기로 했다.

내가 애용하던 버스는 우이동에서 우이동으로 순환하는 8번 버스였다. 그 버스는 서울의 중심지를 꿰뚫고 지나가는데, 우이동에서 수유리와 미아리를 거쳐 길음동에서 두 개의 노선으로 갈라진다. 한 방향은 북악터널을 지나 평창동, 구기동, 홍은동을 거치고 신촌으로 가서 광화문 쪽으로 향하고, 다른 방향은 돈암동을 거쳐 혜화동과 광화문을 지나 신촌과 평창동 쪽으로 도는 노선이다.

두 개의 궤도는 같은데 반대 방향으로 도는 것이다. 나는 주로 북악터널과 평창동을 먼저 거치는 방향의 버스를 선호했다. 그 당시만 해도 산이 많이 보이고 집들이 드문드문 들어서 있는 목가적인 풍경을 먼저 즐기다가 도심으로 들어가는 것이 좋았다.

큰 개울을 지나고 크고 깊은 산을 지나고 집들이 띄엄띄엄 들어서 있는 마을을 지나고 북악터널을 지나면 '엄이건축' 간판이 붙은 멋진 건물이 나오고, 세검정을 지나고, 바위에 커다란 부처가 새겨진 물가를 지나 대학들이 즐비한 동네를 지난다. 그리고 도시의 번화함으로 들어가는 1시간의 여행이 언제나 나를 황홀하게 했다.

나는 혼자 깊은 침묵에 빠져서 도시에 집중했고, 설탕 항아리에 빠져들어가는 곤충처럼 풍경을 탐닉했다. 아니 도시를 탐닉했다. 우연인지 필연인지 알 수 없지만 나는 건축을 전공하게 되었고, 대학을 졸업한 이후에는 건축은 나의 생계 수단이며 평생의 일이 되었다.

내가 건축을 하게 되리라고 대학에 들어가기 전에는 단 한 번도 생각해본 적이 없었다. 사실 어릴 때 나의 꿈은 막연히 어른이 되는 것이었다. 그것이 무슨 꿈이냐고 반문하는 사람도 있지만 거짓도 과장도 아니라 나의 꿈은 그냥 어른이 되는 것이었고 무슨 일을 해도 상관이 없

●○ 마을 마당처럼 동네 집과 어우러져 있는 흥법사지에 갔을 때 겨울 햇살이 포근하게 쏟아져 들어왔다. 흥법사지 3층 석탑.

다고 생각했다. 말하자면 무기력한 청소년이었다. 그래서 나는 늘 나의 꿈이 이루어지는 생을 살아가고 있다고 농반진반으로 이야기한다.

그러던 중 나는 우연한 기회에 '친구의 권유'로 건축학과에 진학하게 되었는데, 사전 지식이 전무했던 나는 사실 첫 수업을 들으며 무척 당황했다. 내가 아는 건축이란 현장에서 보호모를 쓰고 안전화를 신고 공사를 감독하는 일 오로지 그 영상 하나뿐이었는데, 대학에서 이야기하는 건축은 그것이 아니었다. 무언가 미술이나 여타 예술에 가까워서, 당시의 나와는 아무런 상관이 없는 그런 분야였다.

대학에 가기 전까지 한 번도 제대로 그림을 그려본 적이 없었으며, 조형이나 공간이라는 단어에 대해 깊이 생각해본 적도 없었다. 그렇게 대학을 마치고 사회에 나왔다. 설계사무실에 취직을 했지만 내가 학교에서 배운 것은 과연 무엇인지 자문해보았다. 딱히 기억나는 것이 없었다. 어떻게 4년을 보냈고 건축이 뭔지도 모른 채 졸업을 했다. 그래서 나는 평생 이 일을 하기 위해서는 좀더 공부를 해야겠다고 생각했다. 그래서 선택한 방법은 건축물을 답사하는 일이었다. 주로 사연이 많이 남아 있는 살림집들과 땅과의 조화가 아름다운 절들을 돌아다녔다.

△ 시간의 성찬을 즐기다

나는 절터에 자주 간다. 인적이 아주 드문 그곳은 우주의 호흡처럼 크고 우렁차지만 우리 귀에는 들리지 않는 정적으로 가득 차 있었다. 한때는 사람들이 그득하고 여러 가지 건축의 장식물로 채워졌던 곳, 폐사지는 한때의 청춘을 간직한 곳이다.

유난히도 추웠던 2017년 초에 나는 예전에 버스를 타고 도시를 순례하듯 혼자서 폐사지를 돌아다녔다. 1월에는 경상북도를 돌아다녔고 2월에는 원주와 여주 근방을 돌아다녔다. 주말 동안 법천사지, 거돈사지, 흥법사지 등을 둘러볼 요량으로 겨울 해도 뜨기 전에 집을 나섰다. 고속도로를 빠져나와 국도로 들어섰을 때 꽁꽁 얼어붙은 날씨와 아주 청명한 겨울 하늘이 퀭한 표정으로 걸려 있었다.

방금 해가 뜬 법천사지로 갔다. 법천사는 '진리의 샘'이나 '진리가 샘처럼 솟는 곳'이라는 뜻을 가진 절이다. 국도를 한참 달리다 길에서 벗어나 다리를 건너자 너른 터가 나왔다. 그리고 역시나 너른 터에 아무것도 없었다. 조금 들어가면 인가가 몇 채 있고 멀찍이 흙으로 단을 쌓고 그 위에 올려놓은 극히 단순하게 돌로 만들어놓은 당간지주가 서 있을 뿐이다. 지금은 문화재 발굴을 하는지 줄을 쳐놓고 있었다. 그 한가운데 늙은 나무가 법천사의 상징처럼 혹은 법천사의 정수가 스며든 듯 홀로 서 있었다.

이곳은 신라시대 성덕왕 대(702~737년)에 창건하고 고려시대에 큰 절로 성장했다고 전해진다. 이곳을 거쳐간 스님 중에서 지광국사智光國師, 984~1067가 유명하다. 너른 터는 동쪽으로 산을 기대고 있었는데 그 중턱에 잘 만들어진 탑비가 하나 놓여 있었다. 호리호리한 인상의 거북등에 훤칠한 탑비가 서 있었고 상륜부도 온전히 남아 있었다. 그

●○ 법천사는 '진리가 샘처럼 솟는 곳'이라는 뜻이다. 호리호리한 인상의 거북등에 훤칠한 탑비가 서 있었고 상륜부도 온전히 남아 있었다. 지광국사 현묘탑비.

안에는 지광국사의 공덕에 대한 내용이 아주 정성들여 새겨져 있었고, 뒷면에는 1,300명이 넘는 제자의 이름이 기록되어 있었다.

추운 겨울 이른 아침, 아직 해가 동쪽에서 비스듬히 땅 위에 비치는 시간에 부도비 하나와 꺼부정한 노거수 한 그루가 두 개의 흔적처럼 남아 있는 법천사지는 아무것도 없지만 무언가 충만한 느낌을 주었다.

탑비 옆으로 쌓아놓은 석축 위에 앉았다. 생각을 하는 것도 아니고 잠을 자는 것도 아닌 상태로 앉아 있자니, 시간이 나를 뚫고 지나가는 듯한 느낌이 들었다. 버스를 타고 도시를 흘러가는 것처럼, 그 안에는 천년이 넘는 시간이 법천사의 흥망성쇠가 흘러서 지나갔다.

잔디가 곱게 깔리고 잘생긴 3층 석탑과 부처님이 앉아 있던 대좌가 터의 한가운데 남아 있는 거돈사지, 마을 마당처럼 동네 집과 어우러져 있는 흥법사지에 갔을 때 겨울 햇살이 포근하게 쏟아져 들어왔다. 그리고 법천사지에는 정성들여 만든 부도비를 받치고 있는 용의 머리를 가진 거북이 빈터를 지키는 수호신처럼 어김없이 절터에 앉아 있었다.

짧은 겨울 하루 동안 나는 무척 많은 시간의 흐름에 몸을 싣고 흘러 다닐 수 있었고 많은 이야기를 들을 수 있었다. 시간이 차려놓은 풍성한 식탁에서 성찬을 즐기고 돌아왔다.

영원한 현재를
살다

미륵사지와 굴산사지

△ 시간은 흘러간다

스위스의 정신의학자 카를 구스타프 융Carl Gustav Jung, 1875~1961의
자서전을 보면, 그의 기억력은 비상해서 갓난아기 시절 유모차에 누워
있을 때의 상황을 생생하게 묘사하는 장면을 읽게 된다. 무척 놀라운
능력인데, 그 정도의 대단한 기억력을 가진 사람들이 가끔 있다고 한
다. 그런 증상을 정신의학의 측면에서는 '과잉기억증후군Hyperthymesia'
이라고 한다.

과잉기억증후군이란 과거의 기억을 지나칠 정도로 자세하게 기억하는 정신 상태 혹은 능력을 가리킨다. 그러나 그런 기억은 학습 능력이나 인지 능력이 우월한 것이 아니라 기억을 담당하는 우전두엽뿐만 아니라 좌전두엽까지 기억을 담아내면서 생기는 현상이라고 한다.

나는 과잉기억증후군 정도는 아니지만 아주 오래전의 일들을 기억한다. 융만큼 요람의 기억은 아니지만 4세 때 우리 집의 공간들과 마당에서 무슨 일이 일어났는지 알고 있다. 어느 날 사촌 형이 갑자기 우리 식구들을 불러내 집 앞에 나란히 세워놓고 기념사진을 찍을 때의 동네 풍경이나 날씨 등이 방금 찍어서 주르륵 밀려 나오는 폴라로이드 사진처럼 아직도 선명하게 남아 있다.

그뿐만 아니라 자신도 기억 못하는 누나의 중학교 담임선생님의 이름을 내가 기억해내서 고맙다는 인사 대신 좀 이상한 아이 취급을 받기도 했다. 굳이 일부러 기억하려 애쓰지 않아도 종종 그렇게 시간의 문이 저절로 열리기도 한다.

그래서 학교 다닐 때도 뭐든지 외우는 것을 좋아했다. 특히 외울 것이 많은 역사나 지리 과목을 좋아했다. 좀 창피한 이야기지만 심지어 수학도 푸는 게 아니라 문제 유형에 따른 해법을 달달 외워서 시험을 보았다. 그런 방식은 중학교 때까지 어느 정도 통하기도 했는데 고등학교 들어가서는 통하지 않게 되었지만……

298
299

나의 경험을 토대로 생각해보면 과거를 기억하는 행위는 머릿속에 수납되어 있는 이미지를 꺼내드는 일이라는 생각이 든다. 사촌 형이 뛰어들어와서 우리를 불러낸 것은 물론 당연히 하나의 영상이지만, 누나의 담임선생님의 이름 또한 그 이름을 말하던 당시의 어떤 공간과 시간의 이미지였다. 그 이름을 들었을 때 우리는 무엇을 하고 있었으며 어떤 상황이었던지가 머릿속에 하나의 이미지로 떠오르는 것이다.

●○ 굴산사는 범일국사가 창건한 절인데, 그 반경이 300미터 정도 되고 상주하는 승려가 200여 명이나 되었다고 한다. 굴산사 석불좌상.

기억이란 시간과 공간이 만들어내는 이미지 혹은 시간의 흔적이 아닐까 생각한다.

그런데 그런 기억의 영역은 오래전에 적당히 확장을 멈춘 듯하다. 요즘 굉장히 신기한 것은 어제와 그제의 일은 기억이 희미하고 벌어진 사건의 순서도 뒤죽박죽 뒤섞여 있는데, 40년 전 혹은 더 이전의 일은 아주 정연하고 또렷하게 머릿속에 남아 있다는 사실이다.

사람은 우리를 훑고 지나가는 시간의 흔적 안에서 삶을 이어간다. 우리가 느낄 수 있는 시간이란 앞으로 쭉 진행되는 방향성이 있는 시간일 뿐이다. 사실 우리는 늘 현재 속에서 살며 미래를 향해 나아간다. 이윽고 미래는 다시 현재로 수렴되며 또한 지나간 과거는 다시 오지 않는다. 그것을 모르는 사람은 없을 것이다. 우리는 현재에 살면서 과거 혹은 미래에 대해 생각하며 기억과 사유를 통해 무언가를 만들어낸다. 과거, 현재, 미래를 머릿속으로 통합하는 능력 때문에 인간은 지구상에서 먹이사슬의 가장 꼭대기에 앉게 되었을 것이다.

시간의 속성은 흘러가는 것이다. 우리는 그런 시간 속에서 살고 있다. 늘 영원한 현재 속에서 살아가고 있다. 그런 현재들이 하나의 부드러운 흐름으로 느끼는 것은 우리가 가지고 있는 기억 때문일 것이다. 기억과 연상을 통해 시간이 이어지고 '자기 동일성'을 확보하게 된다. 어제의 나를 기억하고 먼 과거의 나도 기억한다. 또한 어제의 공간과 먼 과거의 공간도 기억한다. 그런 기억이 흐트러지는 순간, 공간 역시 큰 혼란이 오고 마구 뒤섞이게 된다.

시간을 지워버리다

건축 역시 시간 속에 존재한다. 시간과 공간이라는 바탕 위에서 인간은 느끼고 판단하게 된다. 또한 시간을 품고 있는 건물이 아름답게 보이는 것은 단순한 물성에 대한 감성에 더하여, 우리에게 시간의 흔적이 주는 감성이 보태지는 것이라고 생각한다. 건축은 늘 시간에 대해 고민하고 이런 추상적인 개념을 어떻게 건축에 넣을 것인지에 대한 고민을 한다.

우리는 3차원에 산다. 선이라는 1차원과 면이라는 2차원, 공간이라는 3차원에 시간의 차원이 들어가는 시공간이 4차원의 공간이라는데, 물론 우리의 감각은 4차원을 느낄 수조차 없다. 우리는 3차원에 갇힌 채 영원히 더는 들어갈 수 없기 때문이다. 그러나 4차원의 공간은 아주 멀리 떨어져 있는 공간이 아니라 우리가 살고 있는 3차원의 공간과 바로 붙어 있다. 가끔 시간을 거스르기도 하고 앞서나가기도 하며 우리의 감각을 혼돈케 하는 공간을 만날 때가 있다.

더 나아가 시간의 감각을 완전히 지워버리는 건축도 있다. 그곳은 건축이 소멸된 곳, 말하자면 폐허로 남은 공간이다. 가장 흔히 만날 수 있는 곳이 예전에 절이 있었던 곳에 건축은 불이 나거나 홍수가 나거나 여러 가지 원인으로 거의 없어지고 터나 돌로 된 조형물만 남은 곳이다.

우리나라에는 수천 개의 폐사지가 있는데, 대표적인 곳이 우리가 잘 아는 미륵사지 같은 곳이다. 그곳에는 기단이나 석탑 등이 여기저기 뒹굴고 있고, 인적이 아주 드물며, 고요라는 단어로도 부족한 적막감이 짙은 안개처럼 땅을 내리누르고 있다.

그 안에 들어가면 생각이 지워지고 감각이 둔해지며 시간이 사라진다. 그냥 존재하는 것들이 이루고 있는 물질이나 종의 특성마저 지워진 채, 어떤 시간과 공간이 마구 버무려진 상황에 있을 뿐이다. 그런 느낌을 나는 아주 좋아한다. 하루 종일 그 안에 앉아 있어도 아무도 오지 않는다. 어떤 깊은 심연으로 내려가는 느낌이 들고, 바다가 깊다는데 아마도 그런 정도의 깊이는 될 듯하다.

미륵사처럼 절터가 어느 정도 발굴되어 옛날의 상태를 알 수 있는 곳이 있는 반면, 절이 있었다니 하며 의아하게 만드는 곳도 많다. 풀이 무성하고 언뜻언뜻 바윗돌처럼 보이는 것들이 숨어 있는데, 자세히 보면 기단이나 석등 받침 혹은 불상이 앉았던 대좌들이 여기저기 흩어

● ○ 미륵사지에는 기단이나 석탑 등이 여기저기 뒹굴고 있고, 고요라는 단어로도 부족한 적막감이 짙은 안개처럼 땅을 내리누르고 있다.

져 있다. 시간을 두고 그곳을 바라보고 있노라면 감았던 눈을 뜨듯 하나하나 바닥에 잠겨 있던 시간들이 서서히 일어나 환영처럼 그곳의 옛 모습이 그려지고, 심지어 내게 그곳에 대한 어떤 기억이 남아 있는 듯한 착각을 하게 한다.

과거를 더듬는 시간의 문

지루하고 무척 더웠던 여름이 끝나가는 9월 첫날, 굴산사지에 가기 위해 강릉으로 갔다. 고속도로에서 빠져나와 공양보살좌상이 유명한 신복사지를 먼저 들렀다. 무릎을 꿇은 독특한 자세로 석탑 앞에서 조아리고 있는 공양보살좌상은 강릉 한송사와 오대산 월정사에서 볼 수 있는 독특한 불상이다. 그래서 먼저 오대산에 들러 월정사 공양보살좌상을 보았고 신복사지에도 들렀다.

강릉에는 객사문(임영관 삼문)과 선교장, 강릉 향교 등을 보기 위해 몇 번 들르기는 했지만, 굴산사지는 가볼 여건이 되지 않아 이번이 초행길이 된 것이다. 잔디가 깔리고 깔끔하게 정비된 신복사지에서 나와서 2차선 국도를 달리다가 왼쪽으로 꺾어져 들어가니 좁은 시멘트 포장도로가 나오고 바로 넓게 논이 펼쳐져 있었다. 산은 멀리 있었고 실하게 익은 벼들이 가득 들어차 있었다. 조금 더 들어가서 오른쪽을 바라보니 멀리 우뚝 솟은 당간지주 두 개가 보였다.

아무것도 없는 너른 들에 서 있는 두 개의 돌기둥은 감은사지에 처음 갔을 때 정도의 강한 느낌을 주었다. 당간지주는 글자 그대로 당幢(불화를 그린 깃발)을 걸었던 장대, 즉 당간을 지탱하기 위해 세워진 기둥인데, 멀리서도 사찰의 위치나 행사를 알 수 있도록 하기 위해 세워진 것이다. 또한 여기서부터 절의 영역이라는 것을 알려주는 상징적인 역할을 한다. 삼국시대부터 만들어졌다는 기록은 있는데, 우리나라에만 있는 것으로 보아서 소도蘇塗(삼한시대에 천신에게 제사를 지내던 곳)나 장승과 같은 형태가 불교 문화에 반영된 것으로 추측된다.

굴산사라는 절은 신라가 거의 기우는 때인 847년에 범일국사梵日國師, 810~889라는 스님이 창건한 절이라고 한다. 범일국사는 동해 삼화사를 세우고 양양 낙산사를 중건했으며 강릉 신복사도 건립했다고 한다. 당시 영동 지역의 사찰이 선종으로 전환하는 데 중심적인 역할을 했고, 지금도 강릉단오제의 제의祭儀를 받고 있다.

처음 지어질 때는 신라 왕손이며 명주군왕으로 책봉된, 강릉 김씨의 시조 김주원金周元, ?~780?의 후원으로 무척 큰 절을 만들었다고 한다. 기록에 의하면 반경이 300미터 정도 되고 상주하는 승려가 200여 명이나 되었다고 하는데, 그 절이 어느 시점에 쓰러졌는지에 대한 기록이 없어 아무도 모른다.

다만 잊혀 있다가 1936년 홍수로 굴산사라는 이름이 새겨진 기와가 땅에서 드러나며 사람들에게 다시 알려지게 되었다고 한다. 신라 말과 고려 초에 형성된 구산선문 중 한 파인 사굴산문闍崛山門의 본산이었을 것으로 생각되지만, 조선시대 이전에 이미 폐사되었을 것으로 추측된다.

● ○ 굴산사지는 당간지주 외에 별다른 흔적도 없고 자국도 희미했지만, 천년이 넘는 과거의 공간을 넘나드는 듯했다.

이곳에는 우뚝 솟은 당간지주밖에 없다. 좀더 들어가면 범일국사의 부도와 돌로 만든 불상이 있기는 하지만, 당간지주의 인상이 워낙 강렬해서 다른 것은 잘 눈에 들어오지 않는다. 당간지주는 5.4미터의 높이로 우리나라에서 가장 크다. 검은빛이 감도는 돌을 거칠게 다듬어 세워놓았는데, 그 안에 세워졌을 당간은 20미터 가까이 되었을 테니 당시의 상황으로는 엄청난 모뉴먼트monument였을 것이라고 생각한다.

그날은 구름과 태양이 멋지게 어우러지던 날이었고 강렬했지만 지금은 퇴장하는 여름의 뒤통수였다. 오후 3시의 햇볕이 아주 강하게 내려쬐고 있었고, 당간지주 두 개와 나만 그 너른 벌판에 덩그러니 앉아 있었다. 대관령 쪽에서 흘러내려온 산의 줄기가 날개로 감싸 안은 듯한 형상이라 동네 이름이 학산리였는데, 평지인데도 품에 앉긴 듯 포근했다.

오후의 해가 서쪽으로 기울며 당간지주의 그림자가 점점 길어지고 있었지만, 시간이 정지된 듯한 느낌에서 며칠이고 그 앞에 앉아 있을 것 같았다. 흔적도 없고 자국도 희미했지만 천년이 넘는 과거의 공간을 넘나드는 듯한, 어떤 시간의 문을 통해 다른 차원으로 들어가 내가 겪어보지도 못한 먼 과거의 기억이 나에게 들어오는 듯했다.

주

1   김두규, 「하늘의 창조적 힘 갈무리」, 『주간동아』, 제473호(2005년 2월 18일).

2   이기서, 『강릉 선교장』(열화당, 1996년), 64쪽.

3   안계복, 『한국건축개념사전』(동녘, 2013년), 279쪽.

4   함성호, 『철학으로 읽는 옛집』(열림원, 2011년), 237쪽.

5   이덕일, 『송시열과 그들의 나라』(김영사, 2000년), 404쪽.

6   최준식, 『한국 문화 교과서』(소나무, 2011년), 209쪽.

7   정병삼·김봉렬·소재구, 『화엄사』(대원사, 2000년), 11쪽.

8   배수아, 『서울의 낮은 언덕들』(자음과모음, 2011년), 52쪽.

9   김원룡, 「죽은 사람들과의 대화: 고분에서 배우는 일생」, 『노학생의 향수』(열화당, 1978년).

집의 미래

ⓒ 임형남 · 노은주

초판 1쇄 2023년 10월 20일 펴냄
초판 2쇄 2024년 5월 20일 펴냄

지은이 | 임형남 · 노은주
펴낸이 | 강준우

인쇄 · 제본 | (주)삼신문화

펴낸곳 | 인물과사상사
출판등록 | 제17-204호 1998년 3월 11일

주소 | 04037 서울시 마포구 양화로7길 6-16 서교제일빌딩 3층
전화 | 02-325-6364
팩스 | 02-474-1413

www.inmul.co.kr | insa@inmul.co.kr

ISBN 978-89-5906-722-0 03540

값 19,000원

이 저작물의 내용을 쓰고자 할 때는 저작자와 인물과사상사의 허락을 받아야 합니다.
파손된 책은 바꾸어 드립니다.